仿生智能计算及其在片上系统可测性设计中的应用

朱爱军　著

西安电子科技大学出版社

内 容 简 介

本书主要对近年来新生的多种仿生智能计算理论与方法进行了研究，包括生物地理进化算法、萤火虫算法、差分进化算法以及灰狼优化算法等，并基于这些人工仿生智能计算方法对片上系统的可测性设计进行了研究。本书共6章，主要内容包括片上系统可测性设计概述、基于生物地理进化算法的扫描链平衡理论与方法、基于多目标智能算法的三维 Wrapper 扫描链设计、基于灰狼优化算法的三维堆叠 SoC 测试规划方法研究等。

本书可供计算机、自动化、人工智能、测控技术与仪器等方向的工程技术人员参考，也可作为高等院校相关专业高年级本科生和研究生的参考书。

图书在版编目(CIP)数据

仿生智能计算及其在片上系统可测性设计中的应用/朱爱军著. --西安:西安电子科技大学出版社，2023.6
ISBN 978-7-5606-6813-0

Ⅰ. ①仿… Ⅱ. ①朱… Ⅲ. ①人工智能—计算—研究 Ⅳ. ①TP18

中国国家版本馆 CIP 数据核字(2023)第034025号

策　　划　邵汉平
责任编辑　邵汉平
出版发行　西安电子科技大学出版社(西安市太白南路2号)
电　　话　(029)88202421　88201467　　邮　　编　710071
网　　址　www.xduph.com　　电子邮箱　xdupfxb001@163.com
经　　销　新华书店
印　　刷　陕西日报印务有限公司
版　　次　2023年6月第1版　2023年6月第1次印刷
开　　本　787毫米×1092毫米　1/16　印张　8
字　　数　167千字
印　　数　1～1000册
定　　价　33.00元
ISBN 978-7-5606-6813-0/TP
XDUP 7115001-1

前 言

仿生智能计算是进化计算的一个分支，近年来逐渐发展壮大，现已成为一个非常活跃的研究领域。电子工程、自动化、光谱学与光谱分析、系统工程、计算机等诸多专业方向的学者、研究生和高年级本科生，都开始广泛地使用仿生智能计算方法。例如，遗传算法、蚁群算法、粒子群算法、生物地理进化算法、萤火虫算法和灰狼优化算法等在国民经济的各个行业中都得到了广泛的应用。当前，在国内出版发行的有关仿生智能计算方法的著作主要集中在遗传算法、蚁群算法、粒子群算法等早期的算法，而对于近年来新生的生物地理进化算法、萤火虫算法和灰狼优化算法等介绍较少。

现代电子产品市场对集成电路的上市时间、低功耗、便携性和测试成本等的要求越来越高。由于IP核复用的方法可以显著提高产品的开发效率，因此根据实际需要，各种已经被验证的IP核由集成开发商集成到一个片上系统(SoC，System on Chip)中已成为常规操作。正是由于SoC具有缩短产品上市时间、实现低功耗和良好的便携性以及日益完善的性能指标，因此被广泛地应用于现代电子产品当中。站在国家战略层面上来讲，SoC已经成为一种关键的核心部件。IP核复用方法的使用，虽然可以解决制造工艺水平和设计能力之间的矛盾，但与此同时，也带来了测试方面的挑战，即测试的难度越来越大，测试成本快速增长，因此如何通过可测性设计优化方法来减少测试成本成了关键问题。

本书的主要内容包括片上系统可测性设计概述、基于生物地理进化算法的扫描链平衡理论与方法、基于多目标智能算法的三维Wrapper扫描链设计、基于灰狼优化算法的三维堆叠SoC测试规划方法研究。本书的研究工作主要围绕国家自然科学基金“基于量子算法的SoC测试规划研究”“基于NoC重用的三维片上网络测试规划研究”以及广西自动检测技术与仪器重点实验室基金“三维SoC可测性设计与优化方法研究”等项目进行。本书的研究工作旨在采用仿生智能计算方法进行可测性设计的优化，从而减少SoC测试成本。

本书的研究工作是作者本人在西安电子科技大学攻读博士期间进行的，在此，谨向我的导师李智教授致以最诚挚的感谢！

本书的撰写主要由桂林电子科技大学朱爱军完成。胡聪、许川佩、李智、赵春霞等对本书的撰写提出了建设性的修改意见。

本书的出版得到了国家自然科学基金(62161008，61861012)、广西自然科学基金联合资助培育项目(2018GXNSFAA138115)、广西自然科学基金(2017GXNSFAA198021，2015GXNSFDA139030)和广西自动检测技术与仪器重点实验室基金(YQ19101，YQ22110)的经费资助，在此表示感谢。

由于作者水平有限，书中难免有不妥之处，恳请广大读者批评指正。

作者

2022年5月

目　录

第1章 引　言

1.1 研究背景和意义

随着后信息时代的到来，集成电路的制造工艺突飞猛进，已经从微米级时代进入到纳米级时代，从而使得超大规模集成电路制造能力日新月异。正如20世纪70年代Moore预言的摩尔定律一样，集成电路的集成度每一年半(即18个月)就翻一番[1]，这种预言在过去的几十年中一直保持着有效状态。

在集成电路的制造工艺飞速前进的同时，集成电路的设计水平却跟不上制造工艺水平的发展(见图1.1)。追根溯源，由于集成电路的集成度的提高，单块芯片上集成的晶体管的个数每年都在高速增长，这自然就使得集成电路的设计复杂度呈几何倍数增长，设计人员的设计能力无法应对如此剧烈的增长速度。这就形成了一个矛盾：高速增长的集成电路制造工艺水平和相对低速发展的集成电路设计能力的矛盾。众所周知，这个矛盾被称之为“剪刀差”，它已经成为制约集成电路产业发展的一个关键问题。针对这一矛盾，业界采用模块化设计思想来解决该关键问题，即如果是已经设计完成而且验证完好的模块(IP核)，则设计人员无需重复设计，可以直接使用，从而大大节省了设计时间并降低了设计复杂度。这种模块化设计被称之为“IP核复用”。IP核复用的优点主要在于，通过提高设计效率和减小设计的复杂度，大大提高了设计人员的设计能力，从而弥补了“剪刀差”带来的制约集成电路发展的问题[2]。

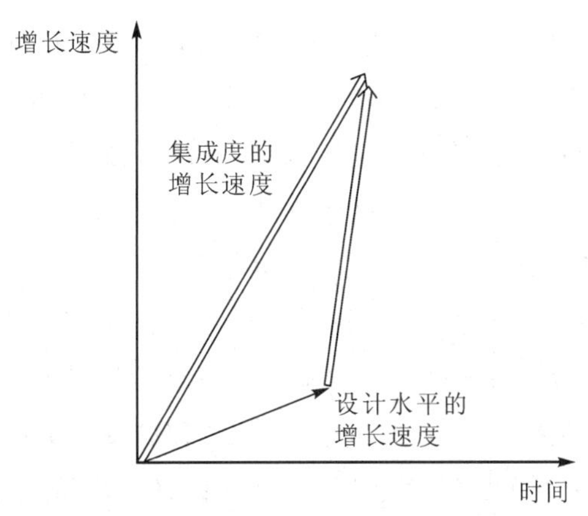

图1.1　集成电路设计水平与制造工艺(集成度)关系图

目前，集成电路设计水平的增长速度大概是每年21%，而集成度的增长速度是每年58%，这二者之间的剪刀差之大是显而易见的。通过IP核复用的方法，可以减弱甚至消除两者之间增长速度不匹配的问题。现代电子产品市场对集成电路的上市时间、功耗、便携性和测试成本等的要求越来越高，而IP核复用的方法可以显著提高产品的开发效率，这就促成了片上系统(SoC，System on Chip)的诞生。

片上系统[3]必须包含至少一个微处理计算中心(也可以有多个)。微处理计算中心可以是数字信号处理器(DSP，Digital Signal Processor)、中央处理器(CPU，Center Processing Unit)或者是各种类型的微控制器(MCU，Microprocessor Control Unit)。同时，片上系统还有大量的存储空间以及逻辑控制电路。早期规定，逻辑电路的门数至少是10万门，现在的集成度水平已经远远超过该规模。

伴随着集成电路制造工艺的不断进步和设计能力的不断提高，SoC的功能也不断增多而且变得更加强大，其包含的功能模块也越来越多。在SoC上面可以实现模拟电路、数字逻辑电路、存储模块、数字信号处理器、微处理器以及可编程逻辑器件(PLD，Programmable Logic Device)等各种各样的模块。正是由于SoC具有缩短产品上市时间、实现低功耗和良好的便携性以及日益完善的性能指标，因此SoC被广泛地应用于现代电子产品当中。站在国家战略层面上来讲，SoC已经成为一种关键的核心部件[4]。

一般来说，在设计集成电路的时候，如果不同时考虑它的测试问题，那么这将是不可接受的。因为集成电路的规模和复杂度呈高速增长，使得测试难度进一步加大，测试费用也处于增长状态。在集成电路设计的初始阶段，就同时考虑它的测试方案，这就是可测性设计。单个晶体管的制造成本随着制造工艺水平的提高，已经处于不断下降的趋势，但其测试成本由于测试难度的增大，却呈现上升趋势。

IP核复用方法的使用，虽然可以解决制造工艺水平和设计能力之间的矛盾，但与此同时，它也带来测试方面的挑战，即在制造成本下降的同时，如何通过可测性设计优化方法来减少测试成本的问题。SoC的测试费用包括购买IP核时由IP核提供商提供的测试矢量的成本，这些应该称为“硬性成本”；还包括宝贵的测试时间构成的“软性成本”。目前的趋势是，“软性成本”即测试时间占测试成本的比例越来越高，保守的数据显示已经占到了80%以上。因此，如何通过SoC可测性设计来降低测试时间成为比较关键的一个问题。

国家越来越重视半导体测试基础理论研究与方法研究的发展，尤其对SoC设计与测试验证理论和方法方面的研究进行了大力度的支持。国家自然科学基金委员会重点资助了国内研究所和高校的半导体测试基础理论与方法等相关的研究，主要涉及的研究所和高校有中国科学院计算技术研究所、北京大学、清华大学、西安电子科技大学、哈尔滨工业大学、湖南大学、合肥工业大学等。国家自然科学基金委员会等对桂林电子科技大学也资助了一系列研究，例如许川佩教授等的“基于量子算法的SoC测试规划研究”国家自然科学基金[5]、谈恩民教授等的“基于多目标进化BIST优化设计技术研究”[6]以及尚玉玲研究员等的“高速电路复杂互连的信号完整性故障模型及测试方法研究”[7]。

1.2 研究现状

众所周知，提高电路的可测性，通常采用的方法是在电路的外围添加一些测试结构或者改变电路本身的结构，使其可观察性和可控性得到提高。本书主要介绍面向扫描设计的SoC可测性设计。对于面向扫描设计的SoC可测性设计，V. Iyengar把它分为测试Wrapper设计(扫描链平衡设计)、测试访问机制(TAM，Test Access Mechanism)设计以及测试规划等若干个子问题。

1.2.1 扫描链平衡设计

美国的E. J. Marinissen等提出了第一个扫描链平衡设计方法，即一次拟合递减(FFD，First Fit Decreasing)算法[8]。在FFD算法中，首先将IP核的所有内部扫描链根据各自的扫描链长度按照非递增排序，然后将每一条内部扫描链分配给第一条，使得分配后的扫描链为不超过一个上限值的Wrapper扫描链。这里存在一个难题，即如何选择该上限值。如果选择不当，则分配的效果很差。因此FFD算法并没有得到广泛的应用。

在FFD算法的基础上，V. Iyengar等解决了FFD算法中上限值的确定问题，提出了最佳拟合递减(BFD，Best Fit Decreasing)算法[9]。由于该算法实现过程较容易，而且算法的复杂度相对比较低，因此得到了非常广泛的应用。BFD算法具体的实现流程如下：

算法1.1 BFD算法

1：按内部扫描链长度非递减的顺序，将n条内部扫描链排序，排好序的内部扫描链记为ISC_1，ISC_2，…，ISC_n

2：将内部扫描链封装(称为Wrapper扫描链)，记为WSC_1，WSC_2，…，WSC_w

3：把WSC_1，WSC_2，…，WSC_w中最大者定义为WSC_{max}

4：把WSC_1，WSC_2，…，WSC_w中最小者定义为WSC_{min}

5：for $p=1:n$

6：   for $q=1:w$

7：   if(find(WSC_q, minimize($WSC_{max}-(WSC_q+ISC_p)$))==true)

8： $WSC_q=WSC_q+ISC_p$;

9：   else

10： $WSC_{min}=WSC_{min}+ISC_p$;

11：   end if

12：   end for

13：end for

14：把每个输入端口当作长度1，分配到由第1～13步得到的Wrapper扫描链中，分配的方法与第1～13步一致

15：把每个输出端口当作长度 1，分配到由第 1～13 步得到的 Wrapper 扫描链中，分配的方法与第 1～13步一致

通过分析上述 BFD 算法的详细步骤，可知 BFD 算法主要是靠当前最长 Wrapper 扫描链作为指导进行平衡搜索的，而恰恰就是这个当前最长 Wrapper 扫描链是局部的，因此，BFD 算法只具有局部优化能力，所得的扫描链平衡设计结果也不是全局最优的结果。

针对 BFD 算法只具有局部最优的缺点，清华大学的牛道恒等采用 Wrapper 扫描链全局平均值作为搜索最佳平衡扫描链的指导[10]，得到的方法被称为基于平均值的扫描链平衡方法均值逼近(MVA，Mean Value Approximation)算法。该算法具体的实现流程如下：

算法 1.2 MVA 算法

```
1：按内部扫描链长度非递减的顺序将 n 条内部扫描链排序，排好序的内部扫描链记为ISC_1，ISC_2，…，ISC_n
2：将内部扫描链封装(称为 Wrapper 扫描链)，记为WSC_1，WSC_2，…，WSC_w
3：统计 n 条内部扫描链划分成 w 条 Wrapper 扫描链后的平均值 MVA
4：for p=1:n
5：    for q=1:w
6：        if((MVA－WSC_q)＜1)
7：            break;
8：        else
9：            if((WSC_q＋ISC_p)＜MVA)
10：               WSC_q＝WSC_q＋ISC_p;
11：           else
12：               WSC_w＝ISC_p ＋WSC_w;
13：           end if
14：       end if
15：   end for
16：   把WSC_1，WSC_2，…，WSC_w 按照非递增排序
17：end for
18：把每个输入端口当作长度 1，分配到由第 1～17 步得到的 Wrapper 扫描链中，分配的方法与第 1～17步一致
19：把每个输出端口当作长度 1，分配到由第 1～17 步得到的 Wrapper 扫描链中，分配的方法与第 1～17步一致
```

通过分析上述 MVA 算法的详细步骤可知，MVA 算法最理想的情况就是，最后每一条 Wrapper 扫描链刚好等于全局平均值。但这种情况是极少的，比较多的情况是内部扫描链的长度差异比较大，导致分配后的 Wrapper 扫描链往往是在全局平均值的附近变化，也就是说有的可能等于全局平均值，有的可能小于全局平均值，有的可能大于全局平均值。因此，相比 BFD 算法，MVA 算法可以对扫描链平衡设计结果有所改进，但在实际的应用中，

其提升的效果并不是那么明显，因为大多数情况下分配后的 Wrapper 扫描链不是刚好等于全局平均值。MVA 算法存在的问题是并不总是优先处理当前最长的内部扫描链，这也是导致其平衡设计结果不能够得到比较大的改进的原因。

针对 MVA 算法存在的问题，哈尔滨工业大学的俞洋等提出了基于平均值余量的扫描链平衡方法均值允许余量(MVAR，Mean Value Allowance Residue)算法[11]，其基本思想就是在 MVA 算法中的全局平均值上增加一个浮动的余量，使得全局指导的值更加具有实际价值，获得更好的平衡效果。MVAR 算法具体的实现流程如下：

算法 1.3 MVAR 算法

1：按内部扫描链长度非递减的顺序将 n 条内部扫描链排序，排好序的内部扫描链记为ISC_1，ISC_2，…，ISC_n
2：将内部扫描链封装(称为 Wrapper 扫描链)，记为WSC_1，WSC_2，…，WSC_w
3：统计 n 条内部扫描链划分成 w 条 Wrapper 扫描链后的平均值 MVA，设定余量值 R
4：for $p=1:n$
5：   for $q=1:w$
6：   if($WSC_q \in [MVA(1-R), MVA(1+R)]$)
7：   break;
8：   else
9：   if($WSC_q < MVA(1-R)$且(WSC_q+ISC_p)$<MVA(1+R)$)
10： $WSC_q=WSC_q+ISC_p$；
11：   else
12： $WSC_w=ISC_p+WSC_w$；
13：   end if
14：   end if
15：   end for
16：   把WSC_1，WSC_2，…，WSC_w 按照非递增排序
17：end for
18：把每个输入端口当作长度 1，分配到由第 1～17 步得到的 Wrapper 扫描链中，分配的方法与1～17一致
19：把每个输出端口当作长度 1，分配到由第 1～17 步得到的 Wrapper 扫描链中，分配的方法与1～17一致

通过分析上述 MVAR 算法的详细步骤可知，加入新的平均值余量参数 R，使得在做平衡设计的时候更加灵活，可以处理内部扫描链严重不平衡的情况，而这对于 MVA 算法来说，是比较困难的。平均值余量参数 R 的选取非常关键：如果 R 选得过大，则会造成分配后的扫描链平衡性变差；如果 R 选得过小，那么它的效果就和基于平均值的扫描链平衡方法没有什么区别。而对于不同的 IP 核，必然会导致最佳的 R 参数值不一样，因此 MVAR 算法对 R 的选择非常困难，这是它最大的缺点。

BFD算法、MVA算法和MVAR算法都有各自的缺点，但有一个统一的特点，就是它们都是把内部扫描链只分配了一次，针对该分配特点，邓立宝等提出了基于差值二次分配的扫描链平衡算法[12-13]。这种算法首先将内部扫描链按照非递增排序，然后将所有的内部扫描链和最小的内部扫描链相减，得到差值d。第一次将所有内部扫描链的公共部分(即最小的内部扫描链长度)进行分配，然后在第一次分配的基础上第二次分配差值，使得最后分配完的Wrapper扫描链之间的差异尽可能的小。然而，基于差值二次分配的扫描链平衡算法也有比较大的缺陷，就是在内部扫描链中最长的内部扫描链与最短的内部扫描链差异巨大的情况下，它的分配结果比BFD还要差[13]。例如在p22810的IP核模块5上就有这种情况，它具有29条内部扫描链，它们的长度分别是[214 106 106 105 105 103 102 101 101 101 100 93 92 84 84 75 75 73 73 73 73 27 27 27 27 27 27 27 27]。因此，针对内部扫描链严重不平衡的情况，即最长的内部扫描链与最短的内部扫描链的差值比最短的内部扫描链还要大的时候，基于差值二次分配的扫描链平衡算法分配情况很差。

合肥工业大学的易茂祥等提出了基于最佳交换递减的扫描链平衡算法[14]，该算法与上海大学的王佳等提出的交换优化算法[15]基本类似，通过枚举交换那些可以使得Wrapper扫描链更加平衡的内部扫描链，其缺点是思路基本上等同于穷举法，因此复杂度过高。北京大学的顾娟和崔小乐等考虑使用混合模拟自然算法[16]，中科院的王永生等尝试采用混合的遗传算法来解决扫描链的平衡问题[17]，但给出的平衡效果还是不够理想。

综上所述，在针对内部扫描链严重不平衡的情况下，现有的算法都不够理想，因此设计一种能够进一步提高扫描链平衡效果的算法是非常必要的。

1.2.2 三维扫描链设计

随着近年来三维堆叠集成电路(3D SIC，Three-Dimensional Stacked Integrated Circuit)的出现，令嵌入式IP核越来越有可能采用3D堆叠集成电路的设计风格。由于嵌入式IP芯核的使用为设计和测试提供了极大的便利，因此面向硅直通(TSV，Through Silicon Vias)的3D SIC最有可能通过基于IP核复用的三维SoC得以实现。

B. Noia和K. Charkrabarty等针对面向TSV的三维SoC测试Wrapper扫描链设计，提出了两种算法：一种是ILP(Integer linear programming)算法，另一种是基于二维装箱的启发式算法[18-19]。由于三维SoC测试Wrapper扫描链设计问题是一个NP hard问题[20]，使ILP算法在问题的规模较大的时候，搜索最优解的时间难以接受。因此，为了在可接受的时间内搜索近似最优解，B. Noia和K. Charkrabarty等提出了基于二维装箱的启发式算法。该算法具体的实现流程如下：

算法1.4 基于二维装箱的启发式算法

1：将TSV_{max}枚举到w条Wrapper扫描链中，使得$TSV_{max}=C_1+C_2+\cdots+C_w$

2：按元素长度非递减的顺序将n个元素排序，排好序的元素记为Ele_1，Ele_2，…，Ele_n，在两个元素长

```
度相等的情况下，元素的第一个寄存器所处的层数大的排在前
将元素封装成 w 条 Wrapper 扫描链，称为 w 个箱子，记为WSC_1，WSC_2，…，WSC_w
将 w 个箱子排序，首先按照箱子的大小非递增排序(箱子的大小指的是箱子中所有元素长度之和)，在箱子大小相等的情况下，将箱子枚举的 TSV 数小的排在前。箱子第一次排序的时候，由于所有箱子的大小都为 0，因此按照箱子枚举的 TSV 数递增排序
for p=1:n
    for q=1:w+1
        if(q==w+1)
            针对枚举TSV_max=C_1+C_2+…+C_w 没有找到解，return-1;
        end if
        if(InsertElement(Ele_p, WSC_q)==true)
            break;
        end if
    end for
将 w 个箱子排序，首先按照箱子的大小非递增排序，在箱子大小相等的情况下，将箱子枚举的TSV 数小的排在前
end for
```

对于上述算法中提到的元素，可以是内部扫描链、输入单元或者输出单元。如果是内部扫描链，则算法具有的元素包括寄存器的个数(即内部扫描链的长度)，还有内部扫描链的第一个寄存器所处的层数以及内部扫描链的最后一个寄存器所处的层数。如果元素是输入单元或输出单元，则它只有一个寄存器，即长度为1，因此它只能够处于某一层，不会跨越不同层。

通过分析基于二维装箱的启发式算法可以发现，搜索最佳划分的结果严重依赖于把TSV_{max}枚举到 w 条 Wrapper 扫描链的组合。由于集成电路的规模越来越大，因此在同一个 IP 核中需要使用的TSV_{max}越来越多，当TSV_{max}较大的时候，枚举的组合数量是惊人的。因此，通过枚举每一条 Wrapper 扫描链使用的 TSV 上限值的方法，其应用受到极大的限制，这是它存在的比较大的问题。

S. K. Roy 等提出在已知一个 IP 核的功能输入单元数、功能输出单元数、内部扫描链的数量和各个内部扫描链的长度以及需要的 TAM 宽度 w 的情况下[21-23]，分配各个元素到 w 条 Wrapper 扫描链，并且确定每条 Wrapper 扫描链中各个元素所处的层，计算每一条 Wrapper 扫描链占用的 TSV 数目，最后使得总的 TSV 数目不超过TSV_{max}的思想。与 B. Noia 和 K. Charkrabarty 针对面向 TSV 的三维 SoC 测试 Wrapper 扫描链设计的假设不一样，S. K. Roy 等假定每个元素所处的层是未知的，可以根据需要来进行分配，而实际 IP 核供应商提供的 IP 中可能已经给出各个元素的所处层。

三维 SoC 在结构方面有其独特性，尤其是增加了 TSV 结构，使得对三维 Wrapper 扫描链的平衡设计无法使用现有的方法，对此学术界开始探索新的方法。俞洋等提出了面向平均值浮动量的三维测试 Wrapper 平衡算法[24]。该算法具体的实现流程如下：

算法 1.5 面向平均值浮动量的三维测试 Wrapper 平衡算法

1：计算 n 条内部扫描链划分成 w 条 Wrapper 扫描链的平均值 av，如果 av 为整数，则浮动量 α=av，否则 α=round(av)+1，即浮动量 α 等于 av 取整加 1

2：采用基本方法对三维测试 Wrapper 进行平衡设计

3：if (find(best)==true)

4：　　goto step 14 ;

5：else

6：　　采用改进的方法对三维测试 Wrapper 进行平衡设计

7：　　if (find(best)==true)

8：　　　　goto step 14 ;

9：　　else

10：　　　　$\alpha=\alpha+1$;

11：　　　　goto step 2;

12：　　end if

13：end if

14：计算使用 TSV 的数量

15：end

通过分析上述面向平均值浮动量的三维测试 Wrapper 平衡算法的详细步骤，可知该算法就是以初始浮动量为基础，采用穷举法，即如果没有找到最优平衡，就一直将 α 加 1。穷举法的缺点是，如果找到该最优平衡比较困难，那么它的搜索时间是难以接受的。

中国科学院的成元庆等提出了一种细分的三维 IP 核测试 Wrapper 平衡算法[25-26]，用以解决测试时间最小和使用 TSV 数量最少的问题。该算法具体的实现流程如下：

算法 1.6 面向最短哈密顿路径的三维测试 Wrapper 平衡算法

1：按内部扫描链长度非递减的顺序将 n 条内部扫描链排序，排好序的内部扫描链记为 ISC_1，ISC_2，…，ISC_n，内部扫描链的集合 ISC={ISC_1，ISC_2，…，ISC_n}

2：将内部扫描链封装(称为 Wrapper 扫描链)，记为 WSC_1，WSC_2，…，WSC_w

3：while(empty(ISC)==false)

4：　　找到当前最短的 Wrapper 扫描链 WSC_i

5：　　ISC_i=Select(ISC，WSC_i)

6：　　将 ISC_i 插入到 WSC_i 中

7：　　从集合 ISC 中删除 ISC_i

8：end while

9：for i=1:w

10：　　为 WSC_i 建立完全图 G

11：　　(P, L)=FindShortestHamiltonianPath(G)

12：end for

不过，有关的研究信息表明[24]，短期内三维IP核的内部扫描链仅能处于同一层上，因为目前的制造工艺还无法做到让一个内部扫描链跨越不同的层。虽然如此，面向最短哈密顿路径的三维测试Wrapper平衡算法仍然是一个比较好的学术探讨思路。

三维集成电路引入TSV结构，为三维集成电路测试带来了新的挑战[25-27]。国内外各个研究机构，例如杜克大学的K. Chakrabarty团队和香港大学的XU Q团队等已经开始探索面向TSV的三维扫描链设计方面的研究[28-32]，但现有的方法均没有考虑到TSV与测试时间两者的协同优化问题。

1.2.3　测试访问机制设计

TAM主要负责为测试源将测试矢量发送到IP核和测试宿并收集来自IP核的测试响应提供数据通道。J. Aerts等提出了三种面向扫描的测试访问结构，这三种结构分别是多路选择结构、菊花链结构和分布式结构[33-34]。

对于多路选择结构而言，因为全体IP核共享整个TAM的宽度，所以每个IP核必须分时占用TAM，即本质上所有的IP核是串行测试的，测试时间等于全体IP核单独测试时间之和。此外，由于在IP核的外测试模式下需要同时访问多个模块，因此多路选择结构无法完成IP核的外测试(互连测试)。对于菊花链结构来说，由于增加了一种使IP核可以处于两种工作模式的结构(即IP核可根据需要选择工作在旁路模式或者扫描测试模式)，使其具有完成IP核的外测试(互连测试)的能力。对于分布式结构来说，任意IP核都可以分配到一定宽度的TAM，故全体IP模块都可以并行测试，所需测试时间等于全体IP核中单独测试时间最长的那个IP核的测试时间。

如果单独采用上述三种结构中的一种，那么对于需要灵活测试调度或测试规划来说，测试是无法完成的。基于该点，P. Varma等提出了面向测试总线的测试访问机制[35]，E. J. Marinissen等提出了面向测试干线的测试访问机制[36]。

面向测试总线的测试访问机制同时采用了分布式结构和多路选择结构，吸取了两种结构各自的优点，达到了灵活测试的目的。例如，一次测试可以分成多个测试会话(TS，Test Session)，每个测试会话内部采用多路选择结构，每个测试会话的时间等于测试会话内部全体IP核单独测试时间之和；同时，测试会话与测试会话之间采用分布式结构。正是因为采用了混合的测试结构，使得IP核集成设计者在考虑IP核测试调度时，可以根据实际需要合理安排各个IP核测试。这种TAM结构的优点是可以简化SoC上的系统总线与测试总线的接口设计，其缺点是IP核的外测试(互连测试)比较困难。

面向测试干线的测试访问机制同时采用了分布式结构和菊花链结构，吸取了两种结构各自的优点，以便达到灵活测试的目的。面向测试干线的测试访问机制的优点是由于采用了菊花链结构，可以方便地进行IP核核外互连测试；缺点是测试功耗较大，需要较多的多路触发器，硬件成本较高。

一般情况下，以上TAM结构只考虑提供单一传输测试数据速率的自动测试设备(ATE，Automatic Test Equipment)，而在某些特殊场合要用到多传输测试数据速率的

ATE。基于此，A. Sehgal 等提出了具有两种传输测试数据速率的 TAM 结构[37]。香港大学的 Q. Xu 等也设计了一种多传输测试数据速率的 TAM 结构[38]。这些 TAM 结构的优化设计，目的都是缩短测试时间，减少测试费用。不过，这些 TAM 结构更加复杂，需要额外的状态机来进行控制。

研究人员也有考虑将 TAM 结构与测试 Wrapper 设计共同优化[39]，考虑测试矢量压缩与 TAM 结构的相关研究[40]。三维集成电路由于引入了 TSV 结构，TAM 的结构也变得复杂了，不仅要设计单层的 TAM，还要设计 3D TAM，有关研究人员对多访问 TAM 进行了相关研究[41]。

1.2.4 测试规划

一般来说，在测试 SoC 的多个 IP 核时，同时并行测试的 IP 核数量越多越好，因为这样可以减少测试时间。这种安排各个 IP 核之间的串行测试或者并行测试模式的方法称为测试规划(Test Scheduling)或测试调度[13]。虽然说同时并行测试的 IP 核数量越多越好，而且最理想的情况下就是全体 IP 核同时并行测试，总的测试时间就等于全体 IP 核中单独测试最大的测试时间，但在实际应用中，由于受到各种测试资源的限制，很难达到理想情况。这些测试资源包括总的测试引脚、总体的最大测试功耗和芯片面积等。如果在做测试规划的时候，首先假设每一个 IP 核分配的 TAM 宽度是固定的，那么这样的测试规划称为固定 TAM 宽度测试规划；如果在做测试规划的时候，首先假设每一个 IP 核分配的 TAM 宽度是可变的，那么这样的测试规划称为可变 TAM 宽度测试规划。在固定 TAM 宽度测试规划中，每个 IP 核都有确定的 TAM 宽度，而且每个 IP 核都必须属于某一个测试会话。测试会话的最大数量取决于 IP 核的数量，即每一个测试会话中都只有一个 IP 核的情况，这时测试会话数达到最大值，这也意味着所有的 IP 核都是串行测试的。还有另一种极端情况，那就是只有一个测试会话，这意味着全体 IP 核同时并行测试。固定 TAM 宽度测试规划可以转化为多处理器规划(MPS，Multiple Processor Schedule)，已经被证明为 NP Complete 问题[42]。Z. L. Pan 等采用了遗传算法解决固定 TAM 宽度测试规划问题[43]，G. Chandan 等的研究思路类似[44]。固定 TAM 宽度测试规划的优点是由于每个 IP 核的 TAM 固定，因此控制相对比较简单，缺点是相对总的测试 TAM 宽度来说，每个 IP 核分配的固定 TAM 不一定是其最佳的 TAM 宽度，从而导致总的测试时间不是最优的。

针对每个 IP 核分配的固定 TAM 不一定是其最佳的 TAM 宽度而产生的问题，自然就想到了采用可变 TAM 宽度测试规划。可变 TAM 宽度测试规划首先需要解决的问题是找出每个 IP 核的测试引脚宽度与测试时间的关系。为了解决这个问题，我们可以采用测试 Wapper 的设计来实现。可变 TAM 宽度测试规划需要解决的另一个问题是如何使总的测试时间最少。即，每个 IP 核的测试采用一可变的矩形表示，这个可变矩形的宽度是该 IP 核的测试引脚数，其高度是该 IP 核对应的测试时间，这样可变 TAM 宽度测试规划问题就类似二维装箱(BP，Bin Packing)问题，转化为在规定宽度的一个大箱中，如何将所有的可变小矩形装入，使得大箱子的高度最小，即总的测试时间最少。

许川佩等提出量子粒子群算法(PSO, Particle Swarm Optimization),分别尝试了固定TAM宽度测试规划和可变TAM宽度测试规划[5],解决测试时间与测试功耗两个目标的共同优化问题。邓立宝等针对以往将每个IP核的测试表示成一个矩形所存在的问题,提出了一种可变TAM宽度的测试规划方法[45],即将一个IP核的测试调度与规划表示成多个小矩形,采用二叉树的结构表示装箱问题,从而更加合理地进行SoC的测试规划。文献[46]中,杨军等提出采用传递闭合图描述装箱问题,并采用模拟退火的算法来求解该问题。但传递闭合图在两个方向(即水平方向和垂直方向)关系过于紧密,因此协调两者是比较困难的。文献[47]中,P. N. Guo等采用一种树状结构来表示装箱布局问题,不过由于该结构自身具有非常不规则的特点,导致优化搜索的效率不高。

以上各位学者研究的测试规划算法,都是面向二维SoC测试规划的。随着近年来三维堆叠集成电路(3D SIC)的出现,面向硅直通的3D SIC很有可能通过基于IP核复用的三维SoC得以实现。三维SoC克服了二维SoC上由于IP核数目较大造成内部连线长度急剧增长而带来的问题,改善了集成电路的性能[48-54]。三维SoC多层芯片间采用硅直通技术,用垂直的连线方式代替早期的边缘走线方式,使得三维SoC的内部连线大大缩短,从而降低了传输功耗和传输延时,进一步加大了集成芯片的封装密度[55-67]。

A. M. Amorya等提出了一种采用片上网络(NoC, Network on Chip)作为测试访问机制的测试规划算法,NoC主要在测试过程中用作测试数据传输的通道,可以免去专用的TAM,减少过长的全局布线,简化布局。文献[68]提出了一种测试环境,使得设计者可以快速地对各种不同测试结构下的布线和测试时间进行评估,并且提出了一种测试规划算法,不需要NoC的具体时序细节,且很容易对不同拓扑结构的NoC进行建模。其他研究人员也进行了NoC的相关研究[69-83],不过仍然停留在二维集成电路层面。

目前三维集成电路的测试理论与方法研究已经成为测试领域的前沿问题。C. J. Shih, C. Y. Hsu和K. Chakrabarty等在热感知的三维集成电路测试规划方面做了相关研究,通过测试规划优化TAM成本和测试时间,分别在硬晶片模式和软晶片模式下采用了贪心算法和模拟退火算法来解决该优化问题。在优化的过程中,采用一个热电阻模型快速估算最高的温度,并且采用了学术界广泛采用的热仿真器Hotspot进行了验证。文献[50]中,针对三维堆叠集成电路中的晶圆筛选和封装测试等测试流程,B. SenGupta等设计了一种成本模型,以期找到最优的测试流程,并提出了一种测试规划方法,在满足功耗约束的条件下,优化晶圆筛选和封装测试。F. A. Hussin等对3D堆叠SoC测试中的挑战进行了阐述,并提出了基于热安全的3D堆叠SoC测试规划。该测试规划采用一种启发式方法设计了一套在芯核测试规划时必须遵守的规则。实验结果表明,该方法和这些简单的规则可以将测试规划中的最高温度降低40%。

B. Noia, K. Chakrabarty等为采用面向TSV的堆叠而成的三维集成电路进行测试结构的优化,考虑了两种情况,即固定晶片级(Die-level)测试结构与可重配的晶片级测试结构。为了得到两种情况下优化问题的最优解,采用ILP模型进行求解。实验结果表明,增加测试引脚比增加可用TSV资源能够减少更多的测试时间(时钟周期)。此外,实验结果还表明，当更加复杂的晶片安放在更靠近堆叠芯片的底部时，也能够减少测试时间，这是因为测试数据必须从堆叠的底部向顶部传输，当复杂的晶片靠近底部时，在同等可用测试资料的情况下，可用分配更宽的测试带宽。文献[54]指出当堆叠的晶片数低于5时，ILP可以在可接受的时间内获得较好的结果。但是随着集成度和制造能力的不断提高，未来的三维堆叠电路规模会越来越大，因此，ILP方法随着问题的规模增大，求解的时间将越来越难以接受。文献[84]中采用的方法和思路也和B. Noia等的大体一致。文献[85]～[87]对各种热模型进行了研究。L. Jiang和Q. Xu等针对采用三维集成技术制造的基于嵌入式IP核的SoC提出了一种布局驱动的测试结构设计优化方法和热感知的测试规划[88]。在优化中，他们主要考虑测试引脚约束条件，因为这些测试引脚需要大量的面积开销，但是在功能模式的时候却不能使用。由于这种测试结构考虑了布局，使得绑定前测试和绑定后测试能够共享测试引线，从而极大地减少了测试访问机制的布线成本。为了在制造测试过程中减少芯片内部的局部热点，L. Jiang等采用了热感知的测试规划[88]，并采用了ITC'02测试标准电路进行了验证。文献[89]～[95]也进行了系列相关研究，表明了当前的研究前沿所在。

1.3 存在的主要问题

Wrapper扫描链如果不平衡，会导致IP核的测试时间变长。IP核的测试时间主要取决于测试矢量的个数和最长Wrapper扫描链的长度。由于IP核的测试矢量是IP核提供商提供的，为了保持较高的故障覆盖率，不能减少测试矢量的个数，因此，缩短IP核的测试时间的途径只有设计Wrapper扫描链，使得其平衡性最好，从而缩短最长Wrapper扫描链的长度。现有的方法，比如BFD、MVA、MVAR等方法，虽然可以将Wrapper扫描链划分，但对于严重“不均衡”的内部扫描链的平衡设计，难以进一步提高扫描链划分效果。基于群体智能的演化计算方法是一个比较好的新思路，然而演化计算方法包含着复杂的随机性，缺乏严格的理论基础，因此需要严格的理论分析为其应用提供理论保障。

三维SoC测试规划是一个全新的课题，当前的研究主要面向多约束条件下的三维SoC测试规划，而采用的方法仍然是早期的线性规划或者整数线性规划方法，大多数的研究都将IP核或者SoC本身的规模较小作为前提，但是随着集成电路集成度和制造能力的不断提高，未来的三维堆叠电路规模会越来越大。因此，传统的方法随着问题的规模增大，将越来越难以接受。因此，探索三维SoC测试规划新方法，在测试资源（测试引脚、可用TSV数量）有限的前提下，减少SoC测试时间成为一个重要课题。

1.4 本书的主要内容

本书主要针对SoC可测性设计中优化理论分析和方法进行了研究。全书分为6章，各章节内容如下：

第1章是本书的引言，首先阐述了本书的研究背景和意义，紧接着对SoC可测性设计

的优化方法研究现状进行了分析与综述，最后阐述了本书的主要内容。

第2章是后续内容的基础知识，首先给出了SoC测试结构，重点分析了可测性设计的主要方法，阐述了面向扫描设计的SoC可测性设计，接着简要论述了采用IEEE 1500标准的测试Wrapper和与之相关的ITC'02测试标准电路。

第3章对扫描链的平衡设计优化方法进行了研究，分别提出了基于生物地理进化算法、差分进化算法和基于反向学习生物地理进化算法的扫描链平衡设计方法。采用基于收敛速率的生物地理进化算法复杂度分析方法，针对扫描链平衡设计该NP hard问题的首次到达目标子空间的期望下界进行了理论分析。

第4章对三维IP核测试Wrapper扫描链设计进行了优化研究，分别提出了采用多目标差分进化算法和多目标Firefly算法的三维测试Wrapper扫描链设计方法，使得封装扫描链均衡化以及使用TSV资源最少。

第5章研究了三维堆叠SoC的测试规划，提出了一种混合灰狼优化(HGWO, Hybridizing Grey Wolf Optimization)算法，在发起攻击行为的时候将差分进化算法集成到人工灰狼算法中，用来更新灰狼算法的Alpha、Beta和Delta的位置，从而使得人工灰狼算法跳出停滞的局部最优，并提出了基于HGWO算法的三维堆叠SoC测试规划方法。

第6章对本书的研究内容进行了总结，并展望了与本书相关的需要进一步研究的问题，给出了未来的研究方向。

第 2 章　片上系统可测性设计概述

集成电路的制造工艺突飞猛进，使得集成电路的特征尺寸从微米级时代进入到纳米级时代，单片超大规模集成电路可以集成上亿晶体管。传统的集成电路设计方法已经很难适用规模巨大的集成电路。由于基于 IP 核复用的集成电路设计思想可以大大提高集成电路的设计能力，提高设计效率，因此基于 IP 核复用的 SoC 成为新的发展方向，然而将基于 IP 核复用的思想引入集成电路设计领域后，早期的测试结构已经不再适用，因此必须有针对基于 IP 核复用自身特点而形成的典型 SoC 测试结构。

在集成电路的集成规模达到亿门晶体管以上后，传统的探针飞针类接触式测试，以及采用激光系统类非接触测试都不再适应于 SoC 测试，因此，在设计集成电路的同时，还必须考虑改善测试的可观察性和可控性的电路结构，由此产生了可测性设计。可测性设计指通过设计典型的测试结构，针对制造过程中的各种缺陷(如氧化层穿透、寄生晶体管效应以及封装缺陷等)，可以检测出由于各种缺陷导致的集成电路出现故障。众所周知，故障越晚被发现，其代价越大。在集成电路设计和制造的早期就进行可测性设计，可以大大减少测试的难度，从而降低测试费用。因此可测性设计已被认为是超大规模集成电路测试的关键方法，也是解决 SoC 测试问题的核心技术。

2.1　片上系统测试结构

在传统的组合逻辑电路测试和时序逻辑电路测试中，首先必须将预先生成并存储的测试矢量从被测电路的输入端加载进去激活待测电路(CUT，Circuit Under Test)，测试矢量(Test Vector)也叫作测试向量、测试模式、测试图形(Test Pattern)或者测试激励。自动生成测试向量的过程叫作自动测试生成(ATPG，Automatic Test Pattern Generation)。通过测试响应分析模块收集电路的测试响应，并将采集到的测试响应与事先存储的期望测试响应进行比较，便可以判断被测电路有没有故障。传统的逻辑电路测试系统框图如图 2.1 所示。

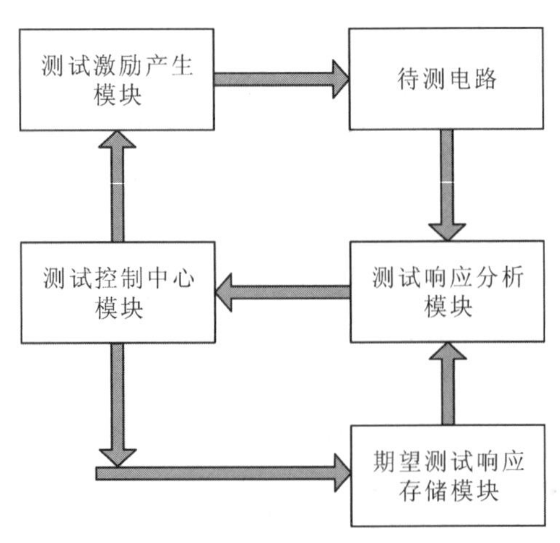

图 2.1　传统的逻辑电路测试系统框图

SoC 测试的流程总体上与传统组合逻辑电路和时序逻辑电路的测试流程相差不大：先向待测 SoC 加载预先生成并存储的测试矢量，接着通过测试响应分析模块收集被测 SoC 的测试响应，最后通过与事先存储的期望测试响应进行比较，并判断被测 SoC 有没有故障。

虽然在测试流程方面，SoC 的测试与传统组合逻辑电路和时序逻辑电路类似，但也有本质的区别：首先，SoC 的电路规模通常远远比传统组合逻辑电路和时序逻辑电路要大，因此在测试的难度和复杂性方面要大得多；其次，因为基于 IP 核复用的设计思路使得针对 SoC 的测试变得更加复杂，这样随之而来的测试结构就必须需要设计人员考虑，以此满足 SoC 在系统级方面的各种测试指标和要求。

基于 IP 核复用的设计思路给 SoC 的设计开发带来很大的便利。首先是大大缩短了 SoC 的上市时间(TTM，Time To Market)；其次是可以避免 SoC 设计人员的重复劳动，能直接使用已经设计好的 IP 核，提高了开发效率。IP 核提供商提供给 SoC 集成设计人员的 IP 核可能会有如下不同的形式：软核（Soft IP Core)、固核（Firm IP Core)和硬核（Hard IP Core)。对于 SoC 集成设计人员来说，固核或者软核是个白盒子，内部的电路结构可以根据实际设计需要，进行少量修改，如增加相应的扫描寄存器的数量，目的是增加其可测性。对于硬核，SoC 集成设计人员看不见任何内部电路结构，因此也无法对 IP 核内部做任何改动，这对知识产权保护是有利的。实际应用中，SoC 集成设计人员可根据 IP 核的不同形式采取不同的测试手段和测试规划方法。

如前所述，一个典型的测试系统包括以下几个部分：测试激励产生模块、测试响应分析模块、期望测试响应存储模块、测试控制中心模块。依据测试激励产生模块是否处在 SoC 内部，可以将 SoC 测试结构分成两类[96-103]：SoC 内建自测试(BIST，Build - in - self - test)结构(如图 2.2)和基于自动测试设备(ATE，Automatic Test Equipment)的 SoC 外测试结构(如图 2.3)。

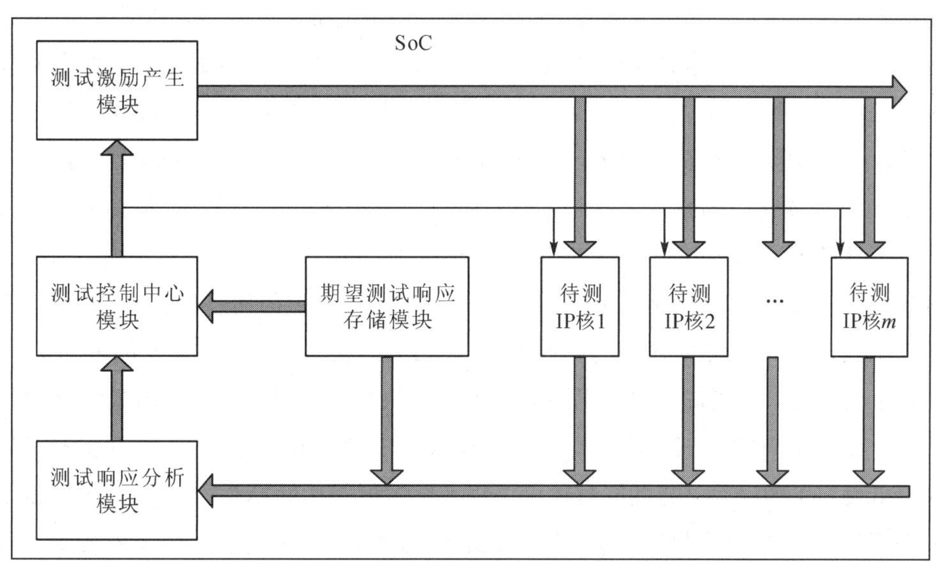

图 2.2　SoC 内建自测试系统框图

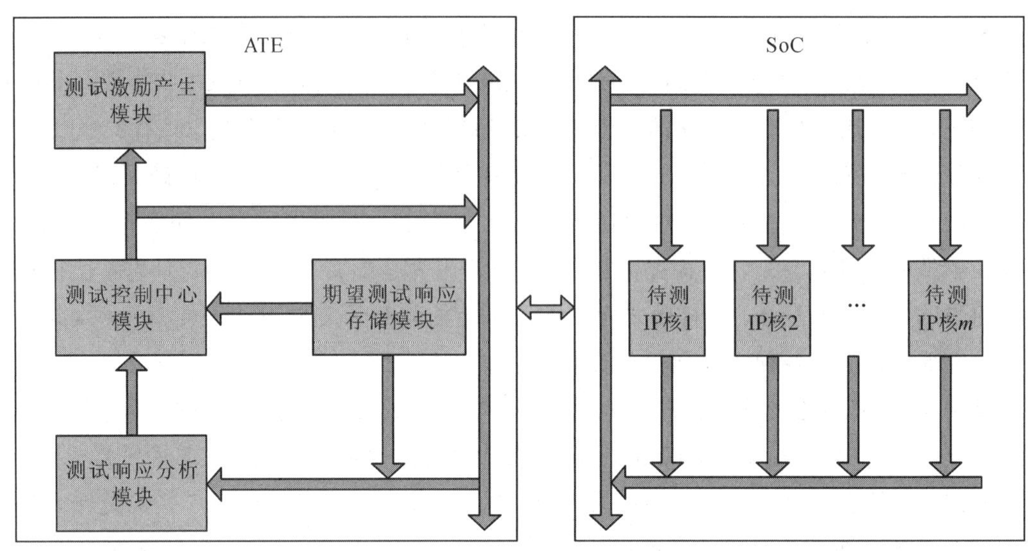

图 2.3 SoC 外测试系统框图

SoC 内建自测试系统的优势在于不需购买额外的自动测试设备，当然就节约了测试设备的成本，所以它在各种嵌入式存储器当中得到了广泛的应用。它的缺点也很明显：由于 SoC 测试资源受到芯片面积的束缚，使得用以产生测试激励(测试矢量)的种子数量有限，这将导致其测试故障覆盖率很难得到提高。

SoC 外测试系统与 SoC 内建自测试系统区别很明显，即 SoC 外测试系统将原来属于 SoC 内部的测试激励产生模块、测试响应分析模块、期望测试响应存储模块和测试控制中心模块集成到外部的自动测试设备 ATE 中了。

SoC 外测试结构由于采用 SoC 外部的 ATE 上的存储空间，而 ATE 上的存储空间比较大，使得 SoC 集成开发者可以充分存储 IP 核提供商提供的测试矢量集合，因此 SoC 外测试结构能够确保非常高的故障覆盖率。此外，SoC 外测试结构可以充分利用 ATE 较强的计算能力和较多的资源，搜索并实现 IP 核之间的最优测试调度，从而减少测试时间和降低测试成本。因此，外测试结构在工业界得到了广泛的使用，如安捷伦(Aglient)公司推出了 93000 型 SoC 自动测试设备，Advantest 公司推出了 T6577 SoC 自动测试设备等。

对于 SoC 外测试结构来说，一个比较大的难题是内部众多的 IP 核有大量的输入输出引脚，而 SoC 的外部引脚却是有限的，因此不能同时将大量的 IP 核的输入输出引脚直接连接到有限的 SoC 的外部引脚上。这需要 SoC 集成开发者考虑如何将处在外部 ATE 中的测试矢量准确地加载到相应的 IP 核中，并把 IP 核相应的测试响应采集回外部 ATE。

针对上述难题，比较好的解决思路就是采用模块化的测试方法。因为模块化的测试方法把每一个 IP 核都当作一个模块，单独一个模块一个模块地进行测试。这样做的好处是可以大大降低测试的复杂度，与此同时还可以将测试的可复用性提高。文献[104]提出了一种通用的基于模块化的 SoC 测试结构，该测试结构得到了广泛的应用。图 2.4 所示为基于模块化的 SoC 测试结构。

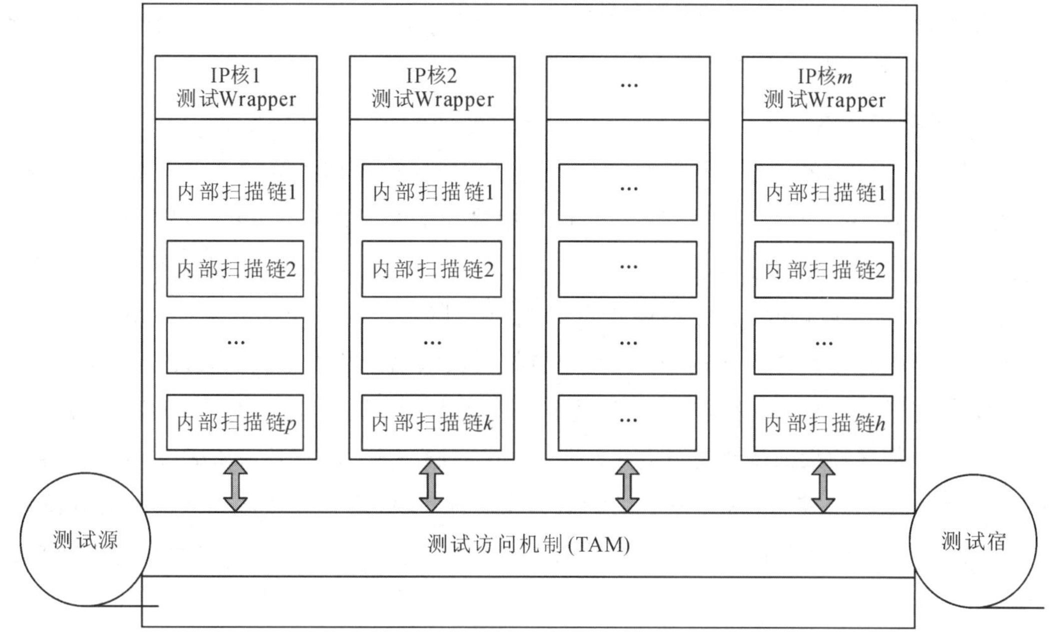

图 2.4 基于模块化的 SoC 测试结构

模块化的 SoC 测试结构主要包括测试源(Test Source)、测试宿(Test Sink)、测试访问机制(TAM)以及测试 Wrapper。测试源主要负责提供测试激励信号，即测试生成模块。测试宿主要负责收集并分析测试响应信号，即测试响应分析模块。测试访问机制(TAM)主要负责为测试源将测试矢量发送到 IP 核和测试宿，并收集来自 IP 核的测试响应提供数据通道。测试 Wrapper 就是加在 IP 核外围的一个“外壳”，它充当着 TAM 和 IP 核之间以及 IP 核和核外逻辑电路之间接口的角色。IP 核在正常工作状态下时，测试 Wrapper 是透明的，似乎不存在。IP 核在测试模式状态下时，测试 Wrapper 充当测试激励传输和收集测试响应的角色。

2.2 片上系统可测性设计

可测性[105]是可测试性的简称。通常来说，一个产品应该具有这样的特性：可以通过一定的手段和方法，准确无误地获得它自身所处的状态，这些状态包括正常工作状态、非正常工作状态和性能退化状态；在内部出现故障的情况下，对其应该具有可观察性和可控性，即采用测试激励信号激励产品，与此同时通过测试响应分析手段，可观察并分析产品是否存在故障。为了提高产品的可观察性和可控性，即可测性而采纳的设计称为可测性设计。

2.2.1 可测性设计的主要方法

为了提高电路的可测性，通常采用的方法就是在电路的外围添加一些测试结构或者改变电路本身的结构，使其可观察性和可控性得到提高。目前，最主要的可测性设计方法包括：边界扫描测试设计[106]、内建自测试设计和扫描设计[107]。下面分别对这些主要的可测性设计方法进行介绍。

1. 边界扫描测试设计

在待测电路内部的核心结构不允许修改的情况下，边界扫描测试是一个很好的选择，因为在扫描设计中需要将普通寄存器改造成带扫描功能的寄存器。边界扫描的系统接口主要包括以下几个部分：测试数据输入端口（TDI，Test Data Input）、测试数据输出端口（TDO，Test Data Output）、测试模式选择端口（TMS，Test Mode Select）和测试时钟（TCK）。边界扫描的基本工作过程：首先，加载测试激励。由外部的测试设备将预先准备好的测试矢量通过 TDI 串行地传输给边界扫描单元部分，同时在 TMS 和 TCK 两者的控制下，把测试数据加载到待测逻辑电路；然后收集测试响应。测试激励加载后，仍然需要测试模式选择和时钟的控制，将捕获到的测试响应通过 TDO 串行地传输到外部的测试设备；最后，测试设备将收集到的测试响应与预期的响应进行比对，从而对电路逻辑的正常与否做出结论。

边界扫描技术是在 20 世纪 80 年代开始发展的，到 20 世纪 90 年代最终发展成为边界扫描测试接口标准即 IEEE 1149.1，即众所周知的 JTAG 标准。

边界扫描的优点显而易见，即接口连线非常少，因此可以减少接口设计的复杂度。它的缺点也很明显：在边界扫描设计的时候，它采取的策略是在内部核心模块与芯片输入输出引脚之间建立边界扫描单元模块，且将这些边界扫描单元采取串联的方式形成一条边界扫描链。串行测试的缺点就是测试时间长，因此边界扫描所需的测试时间很长。

2. 内建自测试设计

通过前面的介绍，我们知道了内建自测试主要是将测试激励产生模块和测试响应分析模块与待测试的电路集成在一起，从而免去了单独购买外部测试设备的费用，这也是内建自测试最大的优点。影响内建自测试的故障覆盖率和测试效率的是两个关键模块：测试激励（或称测试矢量）的产生模块和测试响应分析模块。

1）测试激励产生模块

测试激励产生模块的主要功能就是产生所需的测试矢量，目前内建自测试中的测试矢量产生的方法主要有确定性生成方法、穷举生成法、基于模拟的生成法和伪随机生成法等。

（1）确定性生成方法是根据所建立的故障模型，确定待测电路的目标故障表，从而确定相应的测试矢量。这些测试矢量经过验证后被储存起来，当需要产生测试矢量时，被读取出来且在相应控制信号控制下施加给待测电路。确定性生成方法的主要优点是能获得非常高的故障覆盖率，但必须储存全部经过验证的测试向量，因此将会占用很多存储资源。在内建自测试系统中，存储资源是非常宝贵的，当存储资源紧缺时，使用确定性生成方法就比较困难。例如确定性测试生成方法 HITEC[108]，只在处理规模较小的电路才能够体现其优势。

（2）穷举生成法，可以不占用存储资源。例如一个有 Q 位主输入端的组合电路，测试矢量空间为 2^Q，用穷举生成法依次产生 2^Q 个测试向量，并将它们依次加载到被测电路，这样可以得到比较高的故障覆盖率。但是，随着被测电路规模的增大，穷举法会导致测试时间急剧增长。此外，穷举法的测试效率非常低，主要原因是有可能大量的测试矢量是无效的，它们并不能激活被测电路的故障；还有一种可能是多个测试矢量对同一个故障多次激活，这也是一种资源上的浪费。

（3）基于模拟的测试生成法。在处理时序逻辑电路时，由于只需要做前向处理，不需要往后回溯，因此能够处理大规模的时序逻辑电路。但基于模拟的测试生成法对于难测故障，它没有产生激活该故障的相关信息，因此为了激活这样的故障必须得牺牲大量的测试生成时间。

（4）伪随机生成法是另外一种方法，主要是针对片上硬件资源较少的情况，经典的例子如线性反馈移位寄存器，它能够做到减少硬件资源占用，但这必须牺牲故障覆盖率，因此其测试效率也得不到保证。

2）测试响应分析模块

测试响应分析模块收集电路的测试响应，并将测试响应与事先存储的期望测试响应进行对比，便可以判断被测电路有没有故障。通过预先存储的期望测试响应，可以进行故障检测，并且还能够进行故障定位。在基于 ATE 的外测试时，利用 ATE 有较大存储空间的特点，期望测试响应可以存储在 ATE 中。对于内建自测试系统，由于其硬件资源有限，因此得考虑用其他方法，减少需要的存储空间，比如采用压缩的方法。

3. 扫描设计

在各种可测性设计方法中，最常用的方法应该是扫描设计。扫描设计的基本思想是将待测电路模块中用于记忆的普通触发器，改造成具有扫描功能的特殊触发器，并采用这种特殊触发器组成移位寄存器。如果把处在同一个功能单元的全体具有扫描功能的特殊触发器级联起来，就可以构成一条扫描链，也就是在 IP 核中的一条内部扫描链。将普通触发器改造成具有扫描功能的特殊触发器的真正原因，主要还是由于时序逻辑电路存在着记忆单元，测试的复杂度和难度都比较大，而具有扫描功能的特殊触发器就可以将复杂的时序逻辑电路测试简化成相对容易的组合逻辑电路的测试。此以，它还可以提高时序逻辑电路的故障覆盖率。由 D 触发器构成的普通寄存器如图 2.5 所示，由 D 触发器改造而成并且具有扫描功能的寄存器如图 2.6。

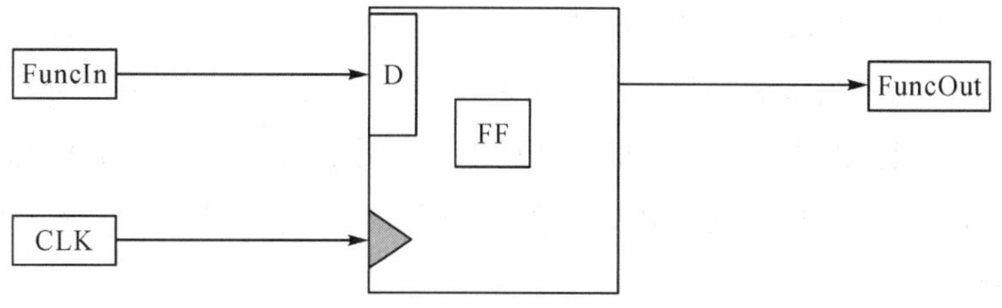

图 2.5　D 触发器构成的普通寄存器

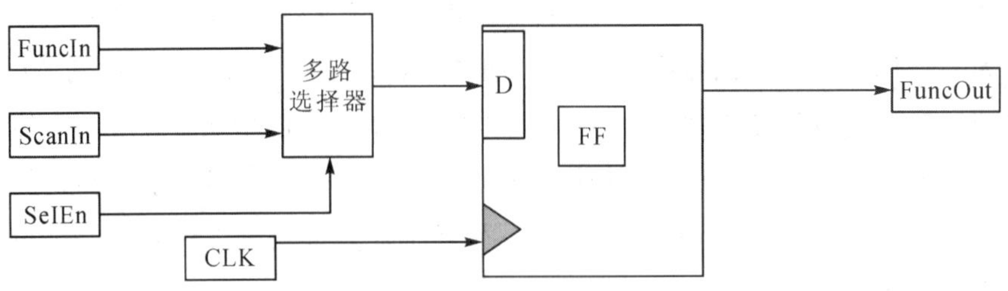

图 2.6　由 D 触发器改造而成的具有扫描功能的寄存器

图 2.5 中，FuncIn 指的是普通寄存器的功能输入端口，FuncOut 指的是普通寄存器的功能输出端口，CLK 指的是时钟信号。当时钟信号的上升沿到来时，触发器的状态根据功能输入的实际值进行刷新变化，否则触发器存储的内容不会变化。普通寄存器就是一个记忆单元，而且可以根据时钟修改记忆单元的值。

图 2.6 中，FuncIn 是具有扫描功能的寄存器的功能输入端口，FuncOut 是具有扫描功能的寄存器的功能输出端口，CLK 是时钟信号。扫描功能的寄存器比普通寄存器多了两个端口，一个是测试激励输入端口 ScanIn，另外一个是多路选择控制端口 SelEn。当时钟信号的上升沿到来，且多路选择控制端口 SelEn 选中的是 FuncIn 端口时，它的功能和普通寄存器一样，也就是正常工作模式。当时钟信号的上升沿到来，且多路选择控制端口 SelEn 选中的是测试激励输入端口 ScanIn 时，加载的激励(矢量)从 ScanIn 端口传输到 D 触发器，从而激发待测电路，此时具有扫描功能的寄存器工作在扫描测试模式。

如果将一个待测电路中全体普通寄存器都改造成带扫描功能的寄存器，并且将它们连接成扫描链进行扫描测试，这就是全扫描设计。如果将一个待测电路中部分普通寄存器改造成带扫描功能的寄存器，并且将它们连接成扫描链进行扫描测试，这就是部分扫描设计。

全扫描设计将测试激励注入所有的扫描寄存器，因此可以降低测试的难度，也使得测试矢量生成的代价比较低，同时也使得故障覆盖率较高。全扫描设计的缺点是需要将全体普通寄存器都改造成带扫描功能的寄存器，这导致了较多额外的硬件开销。此外，面积开销的增大，也导致了传输测试激励的线路被延长了。

部分扫描设计有选择地将部分普通寄存器改造成扫描寄存器，并将测试激励注入这部分扫描寄存器，但这将增加测试的难度，使得测试矢量生成的代价较高，同时也使故障覆盖率下降。为了维持故障覆盖率保持较高水平，必须通过更长的测试矢量生成时间来弥补。部分扫描设计的缺点是很难选择将哪些普通寄存器改造成带扫描功能的寄存器，且选择的结果对测试矢量生成的影响非常大。如果选择不当，则会大幅度增加测试矢量生成的代价。它的优点是当需要考虑严格的硬件开销场合时，可以在故障覆盖率与面积开销之间找到一个比较好的平衡点。

2.2.2　面向扫描设计的片上系统可测性设计

由于基于 IP 核复用思想的 SoC 设计的广泛使用，模块化的 SoC 测试结构也得以广泛采纳。在模块化的 SoC 测试体系中，IP 核提供商向 SoC 集成开发者提供 IP 核、与 IP 核相关的测试矢量集和预期测试响应集。IP 核提供商为了保护自己的知识产权不受侵犯，通常不会公开 IP 核内部的具体实现源文件。SoC 集成开发者在使用 IP 核的时候，需要所用的 IP 核不能有任何问题。为了确保 SoC 集成开发者可以对 IP 核进行测试，IP 核提供商将 IP 核中每一个子功能模块中的扫描寄存器连接成内部扫描链，同时提供相关的测试矢量集和预期测试响应集。此外，基于扫描设计的 SoC 测试结构中，还吸取了边界扫描方法中的优点，即在输入输出端口添加边界扫描单元，使得可以设定输入输出端口的状态或查询输入输出端口的状态。这样，通过基于扫描设计的 SoC 测试结构，不但可以提高 IP 核内部核心电路的可观察性和可控性，而且还可以提高输入输出端口的可观察性和可控性。

基于扫描设计的 SoC 测试结构中，存在的难题是怎么样对内部的各个 IP 核进行测试。由于 SoC 内部每一个 IP 核都可能有大量的输入输出引脚，而 SoC 的外部引脚却是有限的，因此不能够同时将每一个 IP 核的输入输出引脚直接连接到有限的 SoC 的外部引脚上。这就需要 SoC 集成开发者设计测试 Wrapper，确保将处在外部 ATE 中的测试矢量能够准确地加载到相应的 IP 核中，并将 IP 核相应的测试响应能够采集回外部 ATE 中。此外，IP 核之间的测试相关性也是 SoC 集成开发者需要考虑的，即保证向一个 IP 核传输测试矢量时，另外一个 IP 核不受影响，或者是多个 IP 核串行测试时测试矢量的传输通道应如何建立，或者是多个 IP 核同时并行测试时测试矢量的传输通道应如何构建。这就是测试访问机制，它作为各个 IP 模块被测试时加载测试矢量和采集测试响应的传输通道。

因此，在基于扫描设计的 SoC 可测性结构中，通过测试 Wrapper 将每一个 IP 核都封装起来，通过测试访问机制向每一个 IP 核传输测试矢量和收集测试响应，还可以通过测试规划来进行调度协调各个 IP 核的测试，从而减少测试时间，降低测试成本，大大降低测试复杂度。

2.3　采用 IEEE 1500 标准测试 Wrapper

基于嵌入式 IP 核的 IEEE 1500 测试标准[109]，是由 IEEE 计算机协会测试技术工作组发起于 2005 年 6 月被美国国家标准研究中心批准的。该标准定义了一种机制，这种机制主要是方便对 SoC 内的 IP 核进行测试。IEEE 1500 标准包括两个部分：第一部分给出了一种测试 Wrapper 硬件架构，这种架构是可扩展的；第二部分是给出了一种 IP 核测试语言(CTL，Core Test Language)，即 IEEE P1450.6 标准。

2.3.1 IEEE 1500 标准测试 Wrapper 硬件架构

IEEE 1500 标准中给出具有可扩展性的测试 Wrapper 硬件架构如图 2.7 所示。

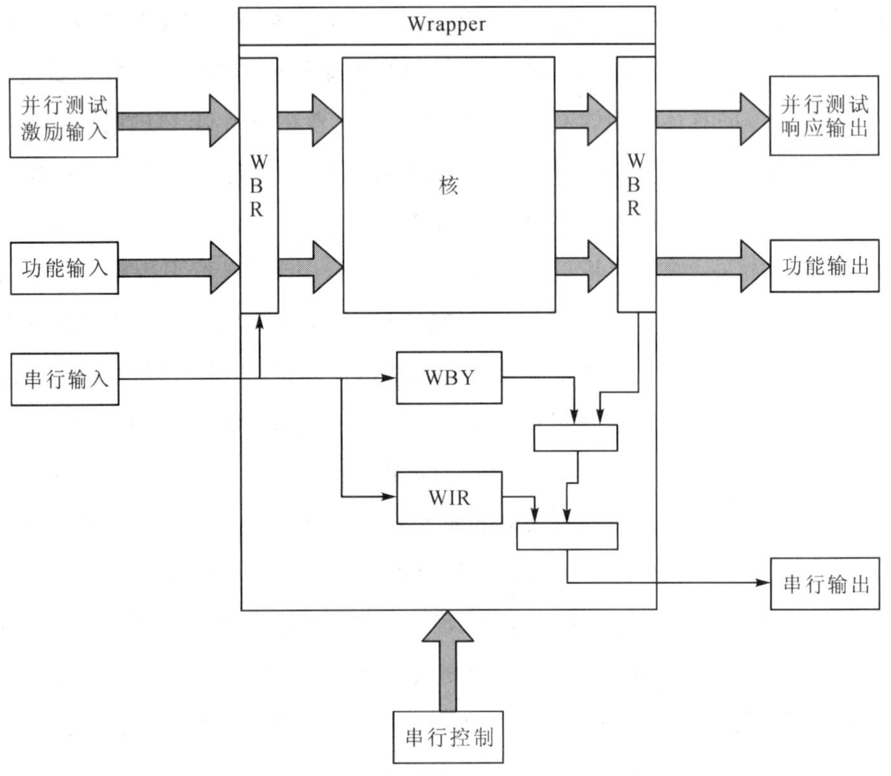

图 2.7 IEEE 1500 标准测试 Wrapper 硬件架构

图 2.7 IEEE 1500 标准测试 Wrapper 硬件架构包括下面五部分[109]：

1) Wrapper 并行接口(WPP，Wrapper Parallel Port)

Wrapper 并行接口主要包括并行测试激励输入端口(WPI，Wrapper Parallel Input)和并行测试响应输出端口(WPO，Wrapper Parallel Output)，分别用来输入并行测试激励和采集并行测试响应。

2) Wrapper 串行接口(WSP，Wrapper Serial Port)

Wrapper 串行接口主要包括串行输入(WSI，Wrapper Serial Input)端口和串行输出(WSO，Wrapper Serial Output)端口。串行输入端口输入的数据可以是指令数据，也可以是测试激励数据。当 WSI 输入的是测试激励数据的时候，那么 WSO 则用来收集串行测试响应。需要的控制信号由 Wrapper 串行控制(WSC，Wrapper Serial Control)端口产生。当把全体 WBR 扫描单元和全体内部扫描链连接成一条扫描链的情况下，激励信号从 WSI 输入，测试响应从 WSO 输出。本质上，这就是采用一位 TAM 进行扫描测试。但是由于串行测试过长的测试矢量移位输入和测试响应移位输出，导致测试成本过高，因此并行测试更加符合实际情况，将全体边界扫描单元和内部扫描链划分成若干条测试 Wrapper 扫描链，

分配到 ATE 相应的 TAM 上，进行并行测试，便可以大大降低测试时间。

3) Wrapper 指令寄存器(WIR, Wrapper Instruction Register)

Wrapper 指令寄存器用来选择设置 Wrapper 的工作模式，控制指令是从 WSP 的 WSI 串行进入到 WIR 中。通过设定控制指令可以选择设定 IP 核处在测试模式或者正常功能模式。

4) Wrapper 旁路寄存器(WBY, Wrapper Bypass Register)

Wrapper 旁路寄存器主要是为 Wrapper 串行接口的 WSI 和 WSO 之间设置了一个可选择的直接通道。当 SoC 中多个 IP 核的 Wrapper 串联在一起，且某个 IP 核不需要数据访问的时候，这时就可以通过旁路寄存器为 WSI 到 WSO 之间提供一条快速通路。

5) Wrapper 边界寄存器(WBR, Wrapper Boundary Register)

激励信号必须通过 Wrapper 边界寄存器才能够被加载到 IP 模块的内部扫描链，并且测试响应也必须经 Wrapper 边界寄存器才能够被移出且被外部的 ATE 收集。

由上所述测试 Wrapper 硬件架构各个部分功能的划分，可以总结出测试 Wrapper 有三种工作模式：

(1) EXTEST 模式，即 IP 模块外测试模式，主要是对 IP 模块外围的电路实施测试，例如互连测试。

(2) INTEST 模式，即 IP 核内测试模式，主要是对 IP 核本身进行测试，测试 IP 核的功能是否正常。

(3) IP 核正常工作模式，在这种模式下，测试 Wrapper 就像不存在，类似透明状，IP 核正常工作。

2.3.2 边界扫描单元

通过分析图 2.7 IEEE 1500 标准测试 Wrapper 硬件架构，可以发现 WBR 在整个测试 Wrapper 结构的作用非常重要[110]。因功能输入和测试激励输入必须通过 WBR 的扫描单元才能够进入到 IP 核内部，而且正常工作的功能输出和测试模式下的测试响应也必须通过 WBR 的扫描单元才能够输出到 IP 核外部。WBR 由扫描单元组成，扫描单元方框图如图 2.8 所示。

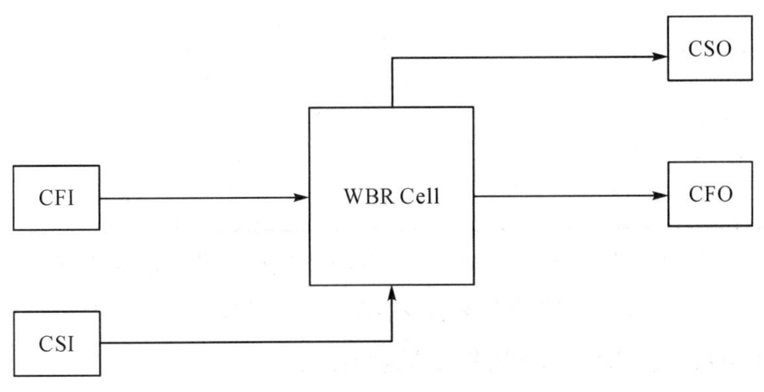

图 2.8　WBR 扫描单元方框图

图 2.8 中，CFI(Cell Function Input)指的是扫描单元功能输入端口，CFO(CeLL Function Output)指的是扫描单元功能输出端口，CSI(Cell Scan Input)指的是扫描单元扫描输入端口，CSO(Cell Scan Output)指的是扫描单元扫描输出端口。

IEEE 1500 标准中给出了一种最常用的 WBR 扫描单元实现电路图[110]，其框图如图2.9所示。

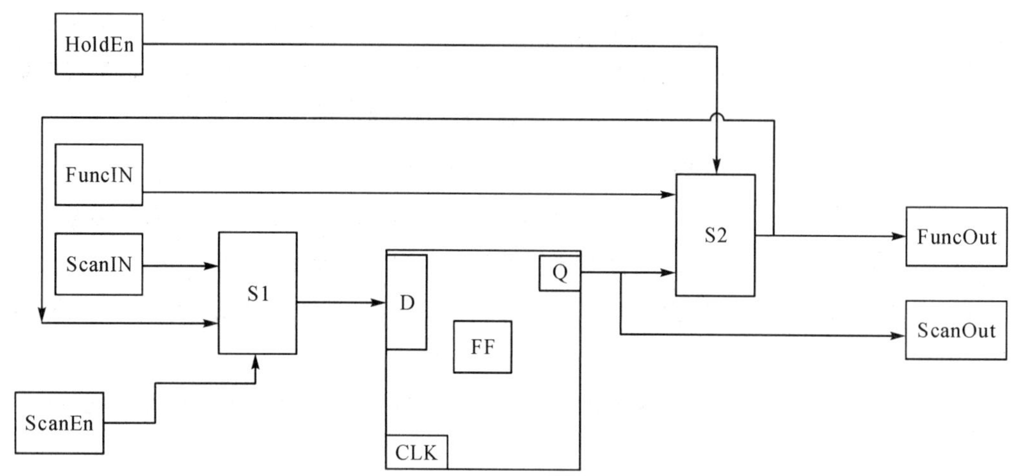

图 2.9　基本 WBR 扫描单元实现框图

图 2.9 中，基本 WBR 扫描单元主要由 S1、S2 和一个 FF(Flip Flop)组成。S1、S2 是两个多路选择器，FF 触发器的类型是 D 触发器。S1 多路选择器通过扫描控制使能端 ScanEn 进行控制选择。S2 多路选择器通过功能控制使能端 HoldEn 进行控制选择。通过 ScanEn 和 HoldEn 的不同组合[110]，可以构成边界扫描单元不同的工作模式，如表 2.1 所示。

表 2.1　基本 WBR 扫描单元工作模式控制

工作模式	扫描使能 (ScanEn)	控制使能 (HoldEn)
功能(Functional)	—	0
移位(Shift)	1	—
捕获(Capture)	0	0
保持(Hold)	0	1

由表 2.1 可以看出，基本 WBR 扫描单元有四种工作模式：功能模式、移位模式、捕获模式和保持模式，它们的数据流路径各不相同。下面的图 2.10、图 2.11、图 2.12 和图 2.13，分别描述了数据在四种工作模式下的路径图。

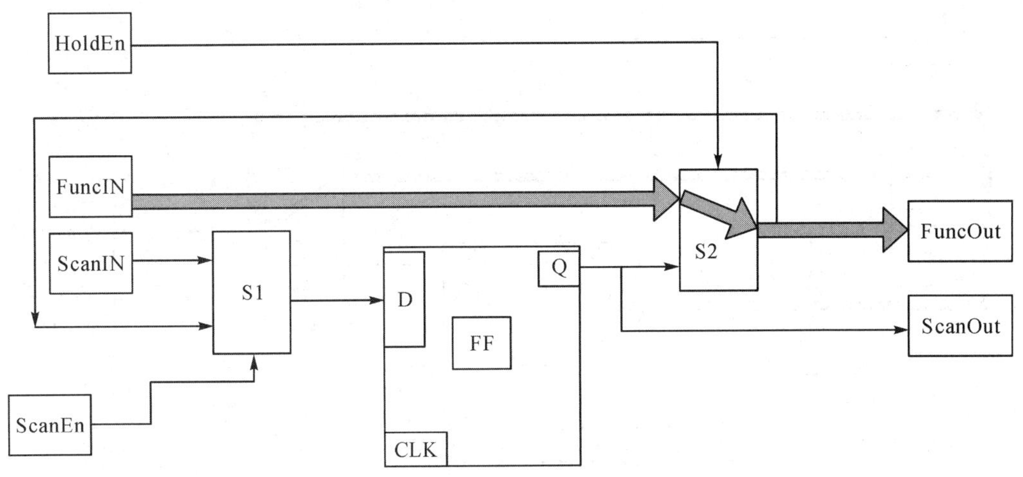

图 2.10　功能(Functional)模式下的数据路径图

功能(Functional)模式下，数据从功能输入端口 FuncIN 进入，通过 HoldEn 选通多路选择器 S2，从功能输出端口 FuncOut 输出。

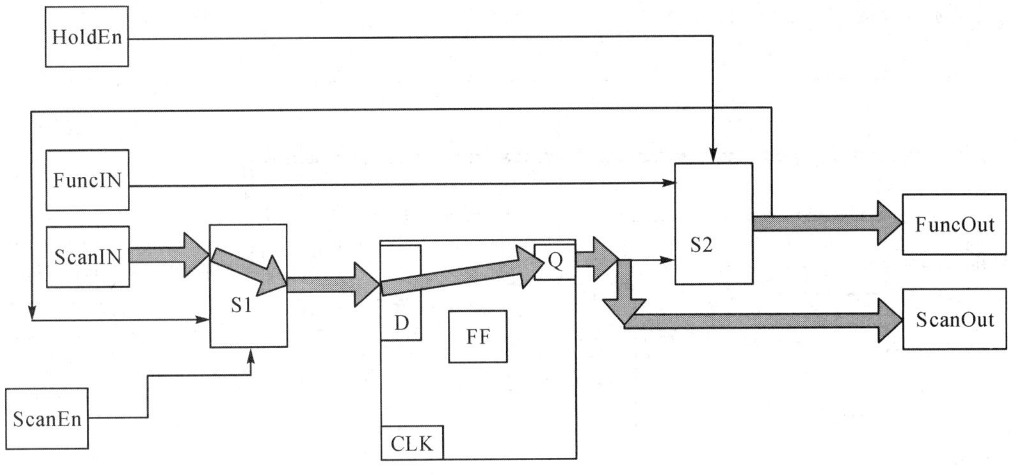

图 2.11　移位(Shift)模式下的数据路径图

当工作在移位模式时，激励信号从扫描输入端口 ScanIN 进入，通过 ScanEn 选通多路选择器 S1，使得激励信号移位，并且从扫描输出端口 ScanOut 输出。从移位的数据路径图可以看出，最终的目的是将激励信号串行移入各个扫描链中。

S1 多路选择器需要选通信号 ScanEn 控制，从而使得 S1 选中输出的是扫描输入的激励信号。

捕获(Capture)模式下的数据从功能输入端口 FuncIN 进入，通过 ScanEn 和 HoldEn 两者相互配合选通相应的多路选择器，使得捕获的数据移位进入到 D 触发器。从捕获的数据路径图可以看出，最终的目的是捕获功能输出进入到 D 触发器。

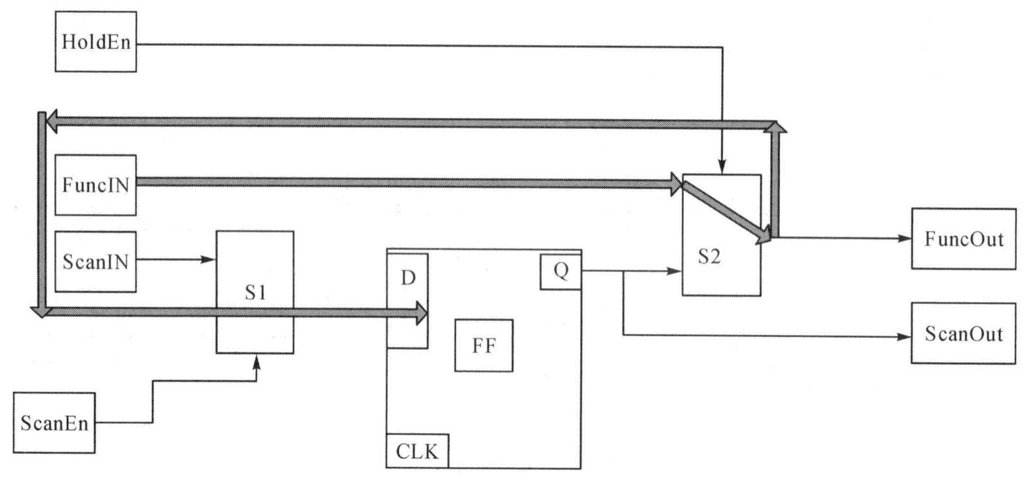

图 2.12　捕获(Capture)模式下的数据路径图

S1 多路选择器则需要选通信号 ScanEn 控制，从而使得 S1 输出的是功能输出信号，而 S2 多路选择器则需要选通信号 HoldEn 控制，从而使得 S2 输出的是功能输入信号，也就是两个控制信号需要恰当的配合。

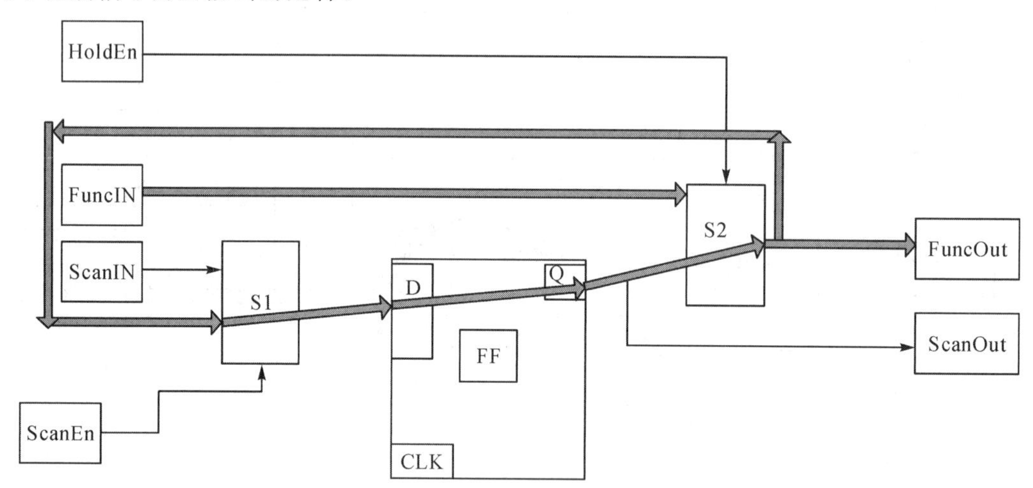

图 2.13　保持(Hold)模式下的数据路径图

保持(Hold)模式下的数据来自 D 触发器，通过 ScanEn 和 HoldEn 两者相互配合选通相应的多路选择器，使得 D 触发器的数据移位回到 D 触发器，这其实构成了自锁，使得 D 触发器的数据保持不变。

2.4　ITC'02 测试标准电路

国际上，对不同测试方法的性能进行比较，通常的做法就是采用大家公认的标准进行测试，以对比出各种方法的性能优劣程度。同样的，在可测性设计领域，为了比较不同学者

所提出的各种方法，国际测试会议提出了一些标准的 Benchmarks：针对组合逻辑电路的测试，提出了 ISCAS'85 测试标准电路，它总共有 10 个；针对时序逻辑电路的测试，提出了 ISCAS'89 测试标准电路，它总共有 31 个。这两套测试标准电路曾经在故障诊断等场合被广泛使用。由于集成电路的规模大幅增大，为了适应基于 IP 核的模块化测试的需要，2002 年，国际测试会议发布了用来对比不同方法的标准测试电路，即 ITC'02 标准测试电路[111]。ITC'02 标准测试电路主要来自工业界三个公司(飞利浦(Philips)、德州仪器(Texas Instruments)和 AD(Analog Devices)公司)和 6 所高等院校(Rio Grande do Sul、Hewlett - Packard、杜克大学、Faraday Technologies、University of Stuttgart 和台湾清华大学)。飞利浦提供了三个 SoC，分别是 p93791、p22810 和 p34392。德州仪器提供了一个 SoC：t512505。AD 公司提供了一个 SoC：a586710。台湾清华大学提供了一个 SoC：h953。杜克大学(Duke University)提供了两个 SoC：d281 和 d695。Universidade Federal do Rio Grande do Sul 提供了一个 SoC：u226。University of Stuttgart 提供了一个 SoC：g1023。Hewlett - Packard 提供了一个 SoC：q12710。Faraday Technologies 提供了一个 SoC：f2126。

这样，总共就有 12 个 SoC。每个 SoC 的命名是有规律的，即第一个字母表明了 SoC 是谁提供的，后面的数字表示 SoC 的具体规模数。该规模数的计算有一个比较复杂的公式，这里不详细介绍，具体的计算方法可以查询文献[111]。下面给出一个常用的 SoC 信息范例[111]：

```
SocName u226
TotalModules 10
Options Power 0 XY 0
Module 0 Level 0 Inputs 12 Outputs 41 Bidirs 0 ScanChains 0 :
Module 0 TotalTests 0
Module 1 Level 1 Inputs 2 Outputs 1 Bidirs 0 ScanChains 0 :
Module 1 TotalTests 1
Module 1 Test 1 ScanUse 0 TamUse 0 Patterns 1363968
Module 2 Level 1 Inputs 2 Outputs 1 Bidirs 0 ScanChains 0 :
Module 2 TotalTests 1
Module 2 Test 1 ScanUse 0 TamUse 0 Patterns 1363968
Module 3 Level 1 Inputs 2 Outputs 1 Bidirs 0 ScanChains 0 :
Module 3 TotalTests 1
Module 3 Test 1 ScanUse 0 TamUse 0 Patterns 1363968
Module 4 Level 1 Inputs 3 Outputs 17 Bidirs 0 ScanChains 0 :
Module 4 TotalTests 1
Module 4 Test 1 ScanUse 0 TamUse 1 Patterns 2666
Module 5 Level 1 Inputs 3 Outputs 17 Bidirs 0 ScanChains 0 :
Module 5 TotalTests 1
Module 5 Test 1 ScanUse 0 TamUse 1 Patterns 2666
```

Module 6 Level 1 Inputs 3 Outputs 17 Bidirs 0 ScanChains 0 :

Module 6 TotalTests 1

Module 6 Test 1 ScanUse 0 TamUse 1 Patterns 2666

Module 7 Level 1 Inputs 97 Outputs 64 Bidirs 0 ScanChains20 : 52 52 52 52 52 52 52 52 52 52 52 52 52 52 52 52 52 52 52 52

Module 7 TotalTests 1

Module 7 Test 1 ScanUse 1 TamUse 1 Patterns 76

Module 8 Level 1 Inputs 34 Outputs 32 Bidirs 0 ScanChains 0 :

Module 8 TotalTests 1

Module 8 Test 1 ScanUse 0 TamUse 0 Patterns 1048576

Module 9 Level 1 Inputs 17 Outputs 10 Bidirs 0 ScanChains 0 :

Module 9 TotalTests 1

Module 9 Test 1 ScanUse 0 TamUse 1 Patterns 15

从上述 SoC 内部描述可得到以下信息：SoC 的具体名称是 u226，总共有模块数为 10，每个模块处在第几层(第 0 层，代表 SoC 本身，本身就是一个大的 IP 核)，每个模块具有的输入端口数、输出端口数和双向端口数，每个模块内部扫描链的数目，以及每条扫描链具有扫描触发器的个数，每个模块测试矢量的个数。例如 Module 7 的具体信息：97 个输入端口，64 个输出端口，0 个双向端口，内部扫描链有 20 条，它们的长度分别为 52 52 52 52 52 52 52 52 52 52 52 52 52 52 52 52 52 52 52 52，测试需要 TAM 和内部扫描链，测试时需要施加的测试矢量为 76 个。12 个 SoC 测试标准电路的基本参数如表 2.2。

表 2.2　SoC 测试标准电路基本参数

SoC 名称	IP 核总数	全体内部扫描链数量之和	全体内部扫描链长度之和	全体测试矢量数量之和
u226	10	20	1040	5148569
d281	9	34	882	8818
d695	11	137	6384	881
h953	9	28	4657	1100
g1023	15	35	1546	2349
f2126	5	26	13996	962
q12710	5	13	12991	4612
p22810	29	196	24723	24890
p34392	20	63	20948	66349
p93791	33	522	89973	22987
t512505	31	64	68051	10479
a586710	8	16	37656	10850894

第 3 章　基于生物地理进化算法的扫描链平衡理论与方法

现代半导体制造工艺水平的不断发展进步，使得集成电路的集成度不断加大，系统级芯片 SoC 得到迅猛的发展。为了减少系统级芯片的上市时间(Time to Market)，同时提高系统的可靠性，基于 IP 核复用的 SoC 设计成为其主流的设计风格。SoC 集成度和规模的大幅度增加，带来了新的挑战和问题，即 SoC 测试时间大幅增加，使得 SoC 的测试成本急剧增大。SoC 测试问题已成为 SoC 设计和制造过程中的难点，也是制约其发展的瓶颈问题。

为了减少 SoC 测试时间，传统做法是将 Wrapper/TAM 以及测试调度组合优化问题分成 P_W、P_{AW} 和 P_{PAW} 三个子问题。

(1) P_W 问题：对于一个已知的 IP 核模块，在一个确定的 TAM 宽度条件下，分配各个扫描单元，确定测试 Wrapper，使 IP 模块的测试时间最小。

(2) P_{AW} 问题：首先解决好 P_W 问题，然后在已知 TAM 的总宽度的条件下，将 SoC 的 IP 模块恰当地分配到各条 TAM 上，达到 SoC 测试时间最小化的目的。

(3) P_{PAW} 问题：首先解决好 P_W 问题，然后在已知 TAM 的总宽度和条数的条件下，确定 TAM 的组合，并将 SoC 的 IP 模块恰当地指派到各条 TAM 上，达到 SoC 测试时间最小化的目的。

从以上问题的划分不难发现，Wrapper 的设计是其他问题的必不可少的基础。如果 Wrapper 的设计不是最佳的，那么其他问题必然得不到最佳解；而 IP 模块的测试时间取决于模块中最长的 Wrapper 扫描链，因此如何优化实现 P_W 问题将直接确定测试时间和成本。

在国外最早研究该问题的文献[9]中，V. Iyengar 提出了 BFD(Best Fit Decrease)方法，但该方法存在的问题是它只具有局部优化的能力，因为 BFD 方法将 IP 内部扫描链依次加到 Wrapper 扫描链上时，只考虑当前每条扫描链的长度。针对其缺点，在文献[10]中，牛道衡等提出了基于平均值的扫描链平衡(MVA，Mean Value Approximation)方法，把内部扫描链平均值作为全局优化的指导。但其存在的问题是并不总是优先处理当前最长的内部扫描链[11]。在文献[11]中，俞洋等设计了采用平均值余量的 Wrapper 扫描链平衡(MVAR，Mean Value Allowance Residue)方法，采用一个特定的平均值余量来指导全局优化，它比基于平均值的扫描链平衡方法有所改进，复杂度也相当，但由于引入了余量参数，该参数的选择比较困难：如果选择过大，则平衡性反而变差；如果选择过小，则最终的效果和 MVA 方法一样，没有改善。以上方法的思路是尽量让 Wrapper 扫描链平衡，但对

于严重“不均衡”内部扫描链的平衡设计在进一步改进方面有一定的难度，因此采取基于群体智能的方法，如基于生物地理进化(BBO，Biogeography based optimization)算法等，借助群体的优势，实现对严重“不均衡”的内部扫描链的平衡化设计。

3.1 问题描述

基于 IP 核的 SoC 设计使得 SoC 设计分成了两大阵营：IP 核提供商和 SoC 集成开发设计者。IP 核提供商在提供 IP 核的同时，还将提供 IP 核的所有内部扫描链相关信息。任意 IP 核模块 i，其内部扫描链相关信息集合 $\mathrm{ScanTestInfo}_i \in T_i$，$T_i = \{\mathrm{NIn}_i, \mathrm{NOut}_i, \mathrm{NIO}_i, \mathrm{NScan}_i, \{\mathrm{LenScan}_{ij}, j\in[1, \mathrm{NScan}_i]\}\}$，其中 NIn_i 表示 IP 核模块 i 的输入端口数，NOut_i 表示 IP 核模块 i 的输出端口数，NIO_i 表示 IP 核模块 i 的输入输出端口数，NScan_i 表示 IP 核模块 i 的内部扫描链数，$\{\mathrm{LenScan}_{ij}, j\in[1, \mathrm{NScan}_i]\}$ 表示 IP 核模块 i 的所有内部扫描链长度的集合。在设计 Wrapper 扫描链时，设计人员可将 IP 核的测试端口和内部扫描链串联为若干条扫描链，用它们来加载测试向量和采集测试响应。

测试 Wrapper 设计的数学模型[112]描述：给定输入单元集合 $I=\{I_1, I_2, \cdots, I_i, \cdots, I_m\}$，每一输入单元对应一个输入端口，其长度 $L(I_i)=1$，$i\in[1, m]$。给定一输出单元集合 $O=\{O_1, O_2, \cdots, O_j, \cdots, O_n\}$，每一输出单元对应一个输出端口，其长度 $L(O_j)=1$，$j\in[1, n]$。给定一输入输出单元集合 $\mathrm{IO}=\{\mathrm{IO}_1, \mathrm{IO}_2, \cdots, \mathrm{IO}_k, \cdots, \mathrm{IO}_u\}$，每一输入输出单元对应一个输入输出端口，其长度 $L(\mathrm{IO}_k)=1$，$k\in[1, u]$。给定一 IP 核模块内部扫描链集合 $S=\{S_1, S_2, \cdots, S_t, \cdots, S_n\}$，第 t 条内部扫描链其长度为 $L(S_t)$，$t\in[1, n]$。

定义 3-1 给定子集 X，$X\subseteq(I\cup \mathrm{IO}\cup S)$，定义 $L(X)=\sum_{x\in X}L(x)$，把 $(I\cup \mathrm{IO}\cup S)$ 分成 w 条 Wrapper 输入扫描链，$P=\{P_1, P_2, \cdots, P_x, \cdots P_w\}$，$\forall P_x$，$P_x\subseteq(I\cup \mathrm{IO}\cup S)$，$x\in[1, w]$。

定义 3-2 最长 Wrapper 输入扫描链的长度定义为 $\mathrm{Si}(P)=\max_{1\leqslant x\leqslant w}L(P_x)$。

定义 3-3 给定子集 Y，$Y\subseteq(O\cup \mathrm{IO}\cup S)$，定义 $L(Y)=\sum_{y\in Y}L(y)$，把 $(O\cup \mathrm{IO}\cup S)$ 分成 w 条 Wrapper 输出扫描链，$Q=\{Q_1, Q_2, \cdots, Q_y, \cdots Q_w\}$，$\forall Q_y$，$Q_y\subseteq(O\cup \mathrm{IO}\cup S)$，$y\in[1, w]$。

定义 3-4 最长 Wrapper 输出扫描链的长度定义为 $\mathrm{So}(Q)=\max_{1\leqslant y\leqslant w}L(Q_y)$。

为了便于将 BBO 算法与其他各种算法进行比较，只对内部扫描链进行均衡化，以下给出本章采用的最长 Wrapper 扫描链定义。

定义 3-5 给定子集 X，$X\subseteq S$，定义 $L(X)=\sum_{x\in X}L(x)$，把 S 分成 w 条 Wrapper 扫描链，$P=\{P_1, P_2, \cdots, P_x, \cdots, P_w\}$，$\forall P_x$，$P_x\subseteq S$，$x\in[1, w]$，则最长 Wrapper 扫描链的长度定义为 $\mathrm{Si}(P)=\max_{1\leqslant x\leqslant w}L(P_x)$。

测试 Wrapper 扫描链设计的目标是使得最长 Wrapper 扫描链的长度最小，即 $\min(\max_1\leqslant x\leqslant wL(P_x))$。

测试 Wrapper 扫描链平衡设计是一个经典的 NP hard 问题，采用 BBO 算法等基于群体智能的方法是一个新思路。然而基于群体智能的方法起源于自然界的某种机制，大多包含了复杂的随机行为，因此其理论分析非常困难，而且严格的理论基础还比较缺乏[113]。本章采用马尔科夫链模型对基于群体智能的 BBO 算法进行理论分析，为测试 Wrapper 扫描链平衡设计等 SoC 可测性设计优化提供理论保障。

3.2　基于生物地理进化算法

3.2.1　基于生物地理进化算法的基本原理

生物地理学科早期的研究于 19 世纪由自然科学家 Alfred Wallance[114] 和 Charles Darwin[115] 开始。但早期的研究停留在从历史的角度来描述，还没有建立相关的数学模型。突破性的工作是由 Robert MacArthur 和 Edward Wilson 在 20 世纪 60 年代完成的，他们出版了他们的研究成果“The Theory of Island Biogeography”[116]，建立了相应的数学模型，使得原来描述性的学科知识变得可以用数学公式精确描述。但直到 2008 年，才由 Dan Simon[117] 以该学科作为理论依据，把它引入智能计算领域，发展成为一种最新的优化方法，而且在各个领域[118-120] 已经获得了成功应用。

生物地理的数学模型阐述了生物从一个聚集地迁移到另外一个聚集地的机理。适合物种居住的地理区域有较高的居住适合度指数（HSI，Habitat Suitability Index）。影响 HSI 的因素被称为适应度指数变量（SIV，Suitability Index Variable）。有较高 HSI 的聚居地容易拥有大量的生物物种，它有较大的迁出速度。有较高 HSI 的聚居地，它的物种迁入速度较慢。

3.2.2　基于生物地理进化算法的数学描述

Robert MacArthur 和 Edward Wilson[116] 根据生物迁徙的规律，提出了聚居地物种迁徙模型，如图 3.1。

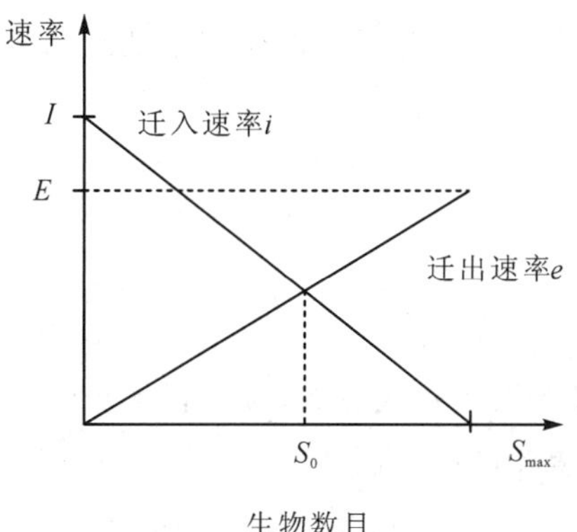

图 3.1　聚居地物种迁徙模型

图 3.1 中迁入速率 i 和迁出速率 e 都是该聚居地中生物数量的函数。对于迁入曲线，当该聚居地中没有任何生物的时候，迁入速率最大(其值为 I)；在该聚居地的生物数量达到能够容纳的极限 $S_{\max}$ 时，迁入速率变为 0。对于迁出曲线，当聚居地没有生物时，也就没有生物迁出，迁出速率为 0；在生物数量达到极限 $S_{\max}$ 时，迁出达到最大速率(其值为 E)。该生物迁徙模型的曲线是线性的，可以根据实际需要采用其他线性或者非线性曲线。

假设某一聚居地正好有 k 个生物[117]，其概率为 Pr_k，则 Pr_k 从时刻 t 到时刻 $t+\Delta t$ 变化如下。

$$\mathrm{Pr}_k(t+\Delta t)=\mathrm{Pr}_k(t)\cdot(1-i_k\cdot\Delta t-e_k\cdot\Delta t)+\mathrm{Pr}_{k-1}(t)\cdot i_{k-1}\cdot\Delta t+\mathrm{Pr}_{k+1}(t)\cdot e_{k+1}\cdot\Delta t \tag{3-1}$$

公式(3-1)中，i_k 表示聚居地存在 k 个生物时的迁入速率，e_k 表示聚居地存在 k 个生物时的迁出速率。式(3-1)如果要在 $t+\Delta t$ 时刻成立，必须满足下列三个条件之一：

(1) 聚居地在 t 时刻正好有 k 个生物，在时刻 t 到时刻 $t+\Delta t$ 之间没有生物迁入迁出。

(2) 聚居地在 t 时刻有 $k-1$ 个生物，在时刻 t 到 $t+\Delta t$ 之间有一个生物迁入。

(3) 聚居地在 t 时刻有 $k+1$ 个生物，在时刻 t 到 $t+\Delta t$ 之间有一个生物迁出。

假设 Δt 足够小，令 Δt 趋近于 0，得下式：

$$\dot{\mathrm{Pr}}_k=\begin{cases}-(i_k+e_k)\cdot\mathrm{Pr}_k+e_{k+1}\cdot\mathrm{Pr}_{k+1}, & k=0\\ -(i_k+e_k)\cdot\mathrm{Pr}_k+i_{k-1}\cdot\mathrm{Pr}_{k-1}+e_{k+1}\mathrm{Pr}_{k+1}, & k\in[1,\ S_{\max}-1]\\ -(i_k+e_k)\cdot\mathrm{Pr}_k+i_{k-1}\cdot\mathrm{Pr}_{k-1}, & k=S_{\max}\end{cases} \tag{3-2}$$

令 $n=S_{\max}$，$P=[\mathrm{Pr}_0\quad \mathrm{Pr}_1\quad \cdots\quad \mathrm{Pr}_n]^{\mathrm{T}}$，则 $\dot{\mathrm{Pr}}$ 可写成矩阵形式：

$$\dot{\mathrm{Pr}}=\begin{bmatrix}-(i_0+e_0) & e_1 & 0 & \cdots & 0\\ i_0 & -(i_1+e_1) & e_2 & \cdots & \vdots\\ 0 & \cdots & \cdots & & 0\\ \cdots & 0 & i_{n-2} & -(i_{n-1}+e_{n-1}) & e_n\\ 0 & 0 & 0 & i_{n-1} & -(i_n+e_n)\end{bmatrix}\times\begin{bmatrix}\mathrm{Pr}_0\\ \mathrm{Pr}_1\\ \vdots\\ \mathrm{Pr}_{n-1}\\ \mathrm{Pr}_n\end{bmatrix} \tag{3-3}$$

聚居地具有生物的数量为 k 时，对于迁徙模型中的迁入速率和迁出速率，可以用以下方程表示：

$$e_k=E\cdot\frac{k}{n} \tag{3-4}$$

$$i_k=I\cdot\left(1-\frac{k}{n}\right) \tag{3-5}$$

其中，E 为最大迁出速率，I 为最大迁入速率，n 为最大容纳生物数目。

具有 k 个生物时，变异操作的概率如下：

$$m_k=m_{\max}\cdot\frac{1-\mathrm{Pr}_k}{P_{\max}} \tag{3-6}$$

其中：$m_{\max}$为变异操作概率的最大值，由系统初始化设定；$P_{\max}$为转移概率的最大值。

3.3　基于生物地理进化算法的马尔科夫链模型

3.3.1　马尔科夫链基础

定义 3-6　马尔科夫链是一族随机变量$\{\xi_k\}_{k=0}^{\infty}$，其中ξ_{k+1}的条件概率分布只取决或者依赖于ξ_k的值，与ξ_k之前的值无关或相互独立，则称该过程拥有马尔科夫性质，并称该簇随机变量为马尔科夫链，其中马尔科夫性质如下：

$$P\{\xi_{k+1}=x_{k+1}\mid\xi_k=x_k,\ \xi_{k-1}=x_{k-1},\ \cdots,\ \xi_0=x_0\}=P\{\xi_{k+1}=x_{k+1}\mid\xi_k=x_k\} \tag{3-7}$$

当采用马尔科夫链对 BBO 算法建立模型时，必须先把马尔科夫链的状态空间映射到该算法的操作空间[113]。当 BBO 算法的种群规模 NP 等于 1 时，此时马尔科夫链的状态空间就等同于解空间，即任何一个待选解都是一个状态。如果每个待选解采用一个d位二进制进行编码，那么解空间$S=\{1,0\}^d$，该空间的大小，即全体待选解的个数为$|S|=2^d$；如果每个待选解采用一个d位z进制进行编码，z为正整数，那么解空间$S=\{1,2,3,\cdots,z\}^d$，该空间的大小，即全体待选解的个数为$|S|=z^d$。

当 BBO 算法的种群规模 NP 大于 1 时，则该种群有 PopSize＝NP 个体，即 PopSize 个解；此时如果该种群为一个有序可重复的集合，即允许某些待选解是相同的，可以把马尔科夫链的状态空间映射成种群空间$\Omega=\{0,1\}^{d\times \text{PopSize}}$，或者是$\Omega=\{1,2,3,\cdots,z\}^{d\times \text{PopSize}}$，该空间的大小为$2^{d\times \text{PopSize}}$或者$z^{d\times \text{PopSize}}$；如果该种群为一个无序可重复的集合，则此时的状态空间可以映射为种群空间$\Omega\subset\{0,1\}^{d\times \text{NP}}$或者$\Omega\subset\{1,2,3,\cdots,z\}^{d\times \text{PopSize}}$，该种群空间的大小[121-123]为

$$\binom{\text{PopSize}+2^d-1}{\text{PopSize}}\ \text{或}\ \binom{\text{PopSize}+z^d-1}{\text{PopSize}} \tag{3-8}$$

在设定完毕马尔科夫链的状态空间之后，任意种群X_x和X_y，在时刻t，BBO 算法以一定的概率从种群X_x产生种群X_y，$P(\xi_{t+1}=X_y\mid\xi_t=X_x)$。该概率定义了马尔科夫链的转移矩阵，即完成了 BBO 的马尔科夫链模型建立任务。

定义 3-7　$p_{ij}=P\{X_{k+1}=j\mid X_k=i\}$表示第$k$时刻处于状态$i$而第$k+1$时刻处于状态$j$的条件概率，$p_{ij}$即为从状态$i$转移到状态$j$的一步转移概率。

因为p_{ij}是条件概率，因此$\forall i,j$，$0\leqslant p_{ij}\leqslant 1$，且$\sum\limits_{j=0}^{\infty}p_{ij}=1$。假设$I(x)$为 0 时刻处于状态$x$的绝对概率，$I(x)=P\{X_0=x\}$，$\forall x\in S$，$S$为状态空间。显然时刻 0 处于状态$x$的概率为$0\leqslant I(x)\leqslant 1$，且$\sum\limits_{x\in S}I(x)=1$。$\forall i,j\in S$，则可以由一步转移概率构成转移概率矩阵$\boldsymbol{P}=(p_{ij})_{i,j\in S}$，即马尔科夫矩阵。

命题 3-1　任何一个马尔科夫链，都可以由一个时刻 0 时的状态$\forall x\in S$的绝对概率

分布的列向量 $\boldsymbol{I}=(I(0), I(1), \cdots)$ 和一个转移矩阵 $\boldsymbol{P}$ 确定下来。

证明 假设状态空间 S 的状态为集合 $\{0, 1, 2, \cdots, n\}$，则转移矩阵 $\boldsymbol{P}$ 为一个 $(n+1)$ 乘 $(n+1)$ 的矩阵：

$$\boldsymbol{P}=\begin{bmatrix} p_{00} & p_{01} & \cdots & p_{0n} \\ p_{10} & p_{11} & \cdots & p_{1n} \\ \vdots & \vdots & & \vdots \\ p_{n0} & p_{n1} & \cdots & p_{nn} \end{bmatrix} \tag{3-9}$$

假设当 $k=0$ 时刻，处于状态 i 的绝对概率是 $I(i)$，假设任意状态在 0 时刻的绝对概率构成一个列向量 $\boldsymbol{I}=(I(0), I(1), \cdots)$，则 $\forall i\in S$，时刻 k 时处于任意状态 j 的绝对概率可以由如下公式得到：

$$q^{(k)}(j) = \sum_{i=0}^{\infty} I(i) p_{ij}^{(k)} \tag{3-10}$$

上式中 I 列向量已知，而由 $p_{ij}^{(k)} = \sum_{r=0}^{\infty} p_{ir}^{(l)} p_{rj}^{(k-l)}$，取 $l=1$，得

$$p_{ij}^{(k)} = \sum_{r=0}^{\infty} p_{ir}^{(1)} p_{rj}^{(k-1)} \tag{3-11}$$

而 $p_{ir}^{(1)}$ 即是一步转移概率，因此 $p_{ir}^{(1)} = p_{ir}$，所以

$$p_{ij}^{(k)} = \sum_{r=0}^{\infty} p_{ir} p_{rj}^{(k-1)} \tag{3-12}$$

同理，将上式中的 $p_{rj}^{(k-1)}$ 再次展开，则可以迭代展开得到：

$$\begin{aligned} p_{ij}^{(k)} &= \sum_{r=0}^{\infty} p_{ir} \sum_{v=0}^{\infty} p_{rv} p_{vj}^{(k-2)} \\ &= \sum_{r=0}^{\infty} p_{ir} \sum_{v=0}^{\infty} p_{rv} \cdots \sum_{v=0}^{\infty} p_{uw} p_{wj}^{[k-(k-1)]} \\ &= \sum_{r=0}^{\infty} p_{ir} \sum_{v=0}^{\infty} p_{rv} \cdots \sum_{w=0}^{\infty} p_{uw} p_{wj} \end{aligned}$$

即只要已知转移矩阵 $\boldsymbol{P}$，上面式子就可以确定，命题得证。

定义 3-8 假设已知转移矩阵为 $\boldsymbol{P}$，则 $\boldsymbol{P}^n$ 定义为由 $\forall i, j \in S$，$p_{ij}^{(n)}$ 组成的矩阵，其中 $p_{ij}^{(n)}$ 表示从初始状态 S_i，经 n 步之后到达状态 S_j 的概率 。

定义 3-9 如果某个状态 i 不能够逃离本身状态，即 $p_{ii}=1$，则称该状态为吸收状态；如果一个马尔科夫链至少有一个吸收状态，并且从任何一个状态经过一步或者多步可以到达一个吸收状态，则称该马尔科夫链为吸引马尔科夫链。

上述定义还可以表示为：已知一个马尔科夫种群系列 $\{\xi_t, t=0, 1, 2, \cdots\}(\xi_t \in \Omega)$ 和一个目标子空间 $B_0^* \subset \Omega$，Ω 为种群空间，该马尔科夫链为吸引马尔科夫链的充要条件为

$$P(\xi_{t+1} \notin B_0^* \mid \xi_t \in B_0^*) = 0, \ \forall t \in \{0, 1, 2, \cdots\} \tag{3-13}$$

或者

$$P(\xi_{t+1} \in B_0^* \mid \xi_t \in B_0^*) = 1, \ \forall t \in \{0, 1, 2, \cdots\} \tag{3-14}$$

3.3.2　马尔科夫链模型

BBO 优化方法，主要有迁徙和变异操作，对这些操作分别建立相应的马尔科夫模型。

首先，假设某个优化问题的解空间是一个 d 位的二进制空间 T，则该搜索空间的大小 $\|T\|$ 为 $m=2^d$，其中 m 与 d 为正整数，$\|T\|$ 表示离散搜索空间中元素的个数。对于整数 i，$\forall i\in\{1, 2, 3, \cdots, m\}$，定义 x_i 为一个待选解，因此该搜索空间中全体待选解构成的集合 X 为 $\{x_1, x_2, x_3, \cdots, x_m\}$；假设某个种群的规模为 NP，定义一个矢量 $\boldsymbol{w}=(w_1, w_2, \cdots, w_m)$，其中 $\forall i\in\{1, 2, 3, \cdots, m\}$，$w_i$ 表示种群中具有待选解 x_i 的个数。

由上述假设得到 w 与 NP 之间的关系：

命题 3-2　BBO 算法的任意一个种群都是由搜索空间中全体待选解(m)选取 PopSize 个个体组成的，即 ψ: $\mathrm{R}^{m\times d}\rightarrow\mathrm{R}^{\mathrm{PopSize}\times d}$，其中，$\boldsymbol{w}$ 为种群向量，PopSize 与 $\boldsymbol{w}$ 的关系满足如下公式：

$$\mathrm{PopSize}=\sum_{i=1}^{m}w_i \tag{3-15}$$

证明　假设种群 $P=\{y_1, y_2, \cdots, y_k, \cdots, y_{\mathrm{PopSize}}\}$，$k\in\{1, 2, 3, \cdots, \mathrm{PopSize}\}$，则 $\forall y_k\in X$，其中 X 为个体搜索空间全体待选解集合，$X=\{x_1, x_2, x_3, \cdots, x_m\}$，必然在 X 中能够找到一个 $x_c\in X$，使 $x_c=y_k$，$c\in\{1, 2, 3, \cdots, m\}$。因此将种群 P 可以改写为

$$P=\{\underbrace{x_1, x_1, \cdots, x_1}_{w_1}, \underbrace{x_2, x_2, \cdots, x_2}_{w_2}, \cdots, \underbrace{x_i, x_i, \cdots, x_i}_{w_i}, \cdots, \underbrace{x_m, x_m, \cdots, x_m}_{w_m}\} \tag{3-16}$$

$\forall w_i\in\{0, 1, 2, \cdots, \mathrm{PopSize}\}$，从该式中，由于已知种群 P 的群体规模为 NP，因此全体 w_i 之和为 PopSize，命题得证。

命题 3-3　BBO 算法中的种群序列$\{\xi_t, t=0, 1, 2, \cdots\}(\xi_t\in\Omega)$ 是吸引马尔科夫链。

证明　因为一个种群序列为吸引马尔科夫链的充分必要条件为

$$P(\xi_{t+1}\in B_0^*\mid\xi_t\in B_0^*)=1, \ \forall t\in\{0, 1, 2, \cdots\}$$

首先证明充分性：如果 $P(\xi_{t+1}\in B_0^*\mid\xi_t\in B_0^*)=1$，$\forall t\in\{0, 1, 2, \cdots\}$ 成立，则表示如果时刻 t 的种群 ξ_t 属于目标子空间 B_0^*，那么时刻 $t+1$ 的种群 ξ_{t+1} 必然以百分之百概率属于目标子空间 B_0^*，而这正好符合吸引马尔科夫链的定义，因此种群序列 $\{\xi_t, t=0, 1, 2, \cdots\}(\xi_t\in\Omega)$ 是吸引马尔科夫链。

接着证明必要性：BBO 算法中种群序列$\{\xi_t, t=0, 1, 2, \cdots\}(\xi_t\in\Omega)$ 在种群迭代中采用的策略是将当前代的最优解替代最差解，保存到下一代。如果 t 时刻种群含有最优解 x^*，即为最优种群，且该最优种群处于目标子空间，即 $\xi_t\in B_0^*$，那么该最优解 x^* 替代当前代的最差解，保存到 $t+1$ 时刻，即 $t+1$ 时刻的种群 ξ_{t+1} 必然包含了最优解 x^*，$\xi_{t+1}\in B_0^*$。

因此 $P(\xi_{t+1}\in B_0^*\mid\xi_t\in B_0^*)=1$，$\forall t\in\{0, 1, 2, \cdots\}$。

定义 3-10　$\forall i, j\in\{1, 2, 3, \cdots, m\}$，$x_j(s)$ 表示搜索空间 T 中的个体 x_j 的第 s 位，

集合 $\theta_i(s)=\{j:x_j(s)=x_i(s)\}$ 定义为种群 P 中，个体 x_i 的第 s 位等于个体 x_j 第 s 位，所有 j 构成的集合。

例如：一个优化问题，它的解空间由 3 位的二进制数构成，即 $d=3$，$m=8$，则 $X=\{x_1, x_2, x_3, x_4, x_5, x_6, x_7, x_8\}=\{000, 001, 010, 011, 100, 101, 110, 111\}$，假如已知一个种群 P 的规模为 4，且已知

$$
\begin{aligned}
P &= \{y_1, y_2, y_3, y_4\}=\{x_1, x_1, x_8, x_8\} \\
&= \{\underbrace{x_1, x_1}_{w_1=2}, \underbrace{x_2}_{w_2=0}, \underbrace{x_3}_{w_3=0}, \underbrace{x_4}_{w_4=0}, \underbrace{x_5}_{w_5=0}, \underbrace{x_6}_{w_6=0}, \underbrace{x_7}_{w_7=0}, \underbrace{x_8, x_8}_{w_8=2}\}
\end{aligned}
$$

则 $\theta_1(1)=\{j: x_j(1)=x_1(1)\}$。又由于 $x_1(1)=0$(最左边的那位)，所以 $\theta_1(1)=\{j:x_j(1)=0\}$。因此可以得到 $\theta_1(1)$，同理可以得到其他：

$$
\begin{aligned}
\theta_1(1)&=\{j: x_j(1)=x_1(1)\}=\{1, 2, 3, 4\}\\
\theta_1(2)&=\{j: x_j(2)=x_1(2)\}=\{1, 2, 5, 6\}\\
\theta_1(3)&=\{j: x_j(3)=x_1(3)\}=\{1, 3, 5, 7\}\\[1ex]
\theta_2(1)&=\{j: x_j(1)=x_2(1)\}=\{1, 2, 3, 4\}\\
\theta_2(2)&=\{j: x_j(2)=x_2(2)\}=\{1, 2, 5, 6\}\\
\theta_2(3)&=\{j: x_j(3)=x_2(3)\}=\{2, 4, 6, 8\}\\[1ex]
\theta_3(1)&=\{j: x_j(1)=x_3(1)\}=\{1, 2, 3, 4\}\\
\theta_3(2)&=\{j: x_j(2)=x_3(2)\}=\{3, 4, 7, 8\}\\
\theta_3(3)&=\{j: x_j(3)=x_3(3)\}=\{1, 3, 5, 7\}\\[1ex]
\theta_4(1)&=\{j: x_j(1)=x_4(1)\}=\{1, 2, 3, 4\}\\
\theta_4(2)&=\{j: x_j(2)=x_4(2)\}=\{3, 4, 7, 8\}\\
\theta_4(3)&=\{j: x_j(3)=x_4(3)\}=\{2, 4, 6, 8\}\\[1ex]
\theta_5(1)&=\{j: x_j(1)=x_5(1)\}=\{5, 6, 7, 8\}\\
\theta_5(2)&=\{j: x_j(2)=x_5(2)\}=\{1, 2, 5, 6\}\\
\theta_5(3)&=\{j: x_j(3)=x_5(3)\}=\{1, 3, 5, 7\}\\[1ex]
\theta_6(1)&=\{j: x_j(1)=x_6(1)\}=\{5, 6, 7, 8\}\\
\theta_6(2)&=\{j: x_j(2)=x_6(2)\}=\{1, 2, 5, 6\}\\
\theta_6(3)&=\{j: x_j(3)=x_6(3)\}=\{2, 4, 6, 8\}\\[1ex]
\theta_7(1)&=\{j: x_j(1)=x_7(1)\}=\{5, 6, 7, 8\}\\
\theta_7(2)&=\{j: x_j(2)=x_7(2)\}=\{3, 4, 7, 8\}\\
\theta_7(3)&=\{j: x_j(3)=x_7(3)\}=\{1, 3, 5, 7\}\\[1ex]
\theta_8(1)&=\{j: x_j(1)=x_8(1)\}=\{5, 6, 7, 8\}\\
\theta_8(2)&=\{j: x_j(2)=x_8(2)\}=\{3, 4, 7, 8\}\\
\theta_8(3)&=\{j: x_j(3)=x_8(3)\}=\{2, 4, 6, 8\}
\end{aligned}
$$

推论 3-1　已知一个解空间为 d 位二进制的优化问题，集合 $\theta_i(s)=\{j: x_j(s)=x_i(s)\}$ 为种群 P 中，个体 x_i 的第 s 位等于个体 x_j 第 s 位，所有 j 构成的集合，则

$$\theta_1(1)=\theta_2(1)=\theta_3(1)=\cdots=\theta_{2^d/2-1}(1)=\theta_{2^d/2}(1)$$

$$\theta_{2^d/2+1}(1)=\theta_{2^d/2+2}(1)=\theta_{2^d/2+3}(1)=\cdots=\theta_{2^d-1}(1)=\theta_{2^d}(1)$$

假设一个种群 $P=\{y_1, y_2, \cdots, y_k, \cdots, y_{\mathrm{NP}}\}$，$i\in\{1, 2, 3, \cdots, \mathrm{NP}\}$，将 y_k 按照 x_i 的顺序进行排列[122-123]，则可以得到

$$y_k=\begin{cases} x_1, & k=1, 2, \cdots, w_1 \\ x_2, & k=w_1+1, w_1+2, \cdots, w_1+w_2 \\ x_3, & k=w_1+w_2+1, w_1+w_2+2, \cdots, w_1+w_2+w_3 \\ \vdots & \\ x_m, & k=\left(\sum_{j=1}^{m-1} w_j\right)+1, \left(\sum_{j=1}^{m-1} w_j\right)+2, \cdots, \left(\sum_{j=1}^{m-1} w_j\right)+w_m \end{cases} \tag{3-17}$$

上述式子还可以进一步简化，得

$$y_k=x_{g(k)}, k=1, 2, 3, \cdots, \mathrm{PopSize} \tag{3-18}$$

其中，$g(k)$ 的表达式如下：

$$\begin{cases} g(k)=\min(z) \\ \text{s. t.}\quad \sum_{j=1}^{z} w_j \geqslant k \end{cases} \tag{3-19}$$

定义 3-11　在种群中，第 t 代中的第 k 个个体第 s 位可以定义为 $y_k(s)_t$，则 $y_k(s)_{t+1}$ 表示第 $t+1$ 代中的第 k 个个体第 s 位。

在对迁徙操作建立马尔科夫模型之前，首先作如下假设：在所有新的临时解决方案产生之前，原有的种群是不产生任何改变的。也就是说，建立一个临时种群用来表示迁徙操作产生的新种群；其次，假设任何一个个体的每一位都可以迁出、迁入，然后再迁入到自己本身；最后，假设迁入速率、迁出速率与种群的分布无关，也就是说，迁入速率、迁出速率完全由个体的适应度决定。

定义 3-12　迁徙操作是指群体中的某个个体的某一位迁出当前个体，迁入到另外一个个体(允许是本身)的相同位置。例如 $y_k(s)_{t+1}\leftarrow x_i(s)$，代表 x_i 个体的第 s 位迁入下一代的 y_k 个体的第 s 位。假如 y_k 的第 s 位在第 t 代没有被选中进行迁徙操作[124]，则

$$y_k(s)_{t+1}=x_{g(k)}(s)\quad(\text{不发生迁徙操作}) \tag{3-20}$$

式(3-20)其实表示如果不发生迁徙操作，则第 $t+1$ 代中的第 k 个个体的第 s 位等于上一代第 k 个个体的第 s 位，即保持不变。

假如 y_k 的第 s 位在第 t 代被选中进行迁徙操作，则 x_i 个体的第 s 位迁入下一代的 y_k 个体第 s 位的概率如下：

$$P\{y_k(s)_{t+1}=x_i(s)\mid \text{immigration}\}=\frac{\sum_{j\in\theta_i(s)} w_j\cdot\mu_j}{\sum_{j=1}^{m} w_j\cdot\mu_j} \tag{3-21}$$

结合式(3-20)和式(3-21)，根据全概率公式，则 $P(y_k(s)_{t+1}=x_i(s))$ 写成：

$$\begin{aligned}P(y_k(s)_{t+1}=x_i(s)) &= P(\text{immigration})\times P(y_k(s)_{t+1}=x_i(s)\mid \text{immigration})+\\&\quad P(\text{no immigration})\times P(y_k(s)_{t+1}=x_i(s)\mid \text{no immigration})\\&=\lambda_{g(k)}\times\frac{\sum\limits_{j\in\theta_i(s)} w_j\cdot\mu_j}{\sum\limits_{j=1}^{m} w_j\cdot\mu_j}+(1-\lambda_{g(k)})\times L_0(x_{g(k)}(s)-x_i(s))\end{aligned}$$

(3-22)

由于每个个体(待选解)为 d 维，已知种群的分布由 $\boldsymbol{w}$ 矢量描述，$\boldsymbol{w}=(w_1, w_2, \cdots, w_m)$，因此采用 $P_{ki}(\boldsymbol{w})$ 表示迁徙操作导致 $y_k=x_i$ 的概率，表示如下：

$$\begin{aligned}P_{ki}(\boldsymbol{w}) &= P(y_{k,t+1}=x_i)\\&=\prod_{s=1}^{d}\left[\lambda_{g(k)}\times\frac{\sum\limits_{j\in\theta_i(s)} w_j\cdot\mu_j}{\sum\limits_{j=1}^{m} w_j\cdot\mu_j}+(1-\lambda_{g(k)})\times L_0(x_{g(k)}(s)-x_i(s))\right]\end{aligned} \quad (3-23)$$

式(3-23)中，k，i 为整数，且 $k=1, 2, 3, \cdots, \text{NP}$；$i=1, 2, 3, \cdots, m$，因此计算上面的式(3-23)可以得到一个 $\text{NP}\times m$ 的矩阵 $\boldsymbol{P}(\boldsymbol{w})$。定义一个矢量 $\boldsymbol{v}=(v_1, v_2, \cdots, v_m)$ 表示在经过迁徙操作后的新种群分布为

$$\{\underbrace{x_1, x_1, \cdots, x_1}_{v_1}, \underbrace{x_2, x_2, \cdots, x_2}_{v_2}, \cdots, \underbrace{x_i, x_i, \cdots, x_i}_{v_i}, \cdots, \underbrace{x_m, x_m, \cdots, x_m}_{v_m}\}$$

(3-24)

则 $\boldsymbol{P}(\boldsymbol{v}\mid\boldsymbol{w})$ 表示只有迁徙操作的情况下，从种群矢量 $\boldsymbol{w}$ 开始经过一代后获得种群矢量 $\boldsymbol{v}$ 的概率，公式如下：

$$\begin{cases}\boldsymbol{P}(\boldsymbol{v}\mid\boldsymbol{w})=\sum\limits_{J\in Y}\prod\limits_{k=1}^{\text{NP}}\prod\limits_{i=1}^{m}[P_{ki}(\boldsymbol{w})]^{J_{ki}}\\ Y=\Big\{J\in\mathbf{R}^{\text{NP}\times m}:\forall k, k\in\{1, 2, 3, \cdots, \text{NP}\}, \sum\limits_{i=1}^{m}J_{ki}=1;\\ \qquad \forall i, i\in\{1, 2, 3, \cdots, m\}, \sum\limits_{k=1}^{\text{NP}}J_{ki}=v_i; \ \forall J_{ki}\in\{0, 1\}\Big\}\end{cases} \quad (3-25)$$

定义 3-13 变异矩阵 $\boldsymbol{M}$ 是 $m\times m$ 的矩阵，其中 M_{ij} 表示由个体 x_i 变异为 x_j 的概率，M_{ji} 表示由个体 x_j 变异为个体 x_i 的概率。

种群中第 k 个个体经过迁徙操作然后变异为 x_i 的概率可以表示为 $P_{ki}^{(2)}(\boldsymbol{w})$，用下式表示：

$$P_{ki}^{(2)}(\boldsymbol{w})=\sum_{j=1}^{m}P_{kj}(\boldsymbol{w})\times M_{ji}, \ k=\{1, 2, 3, \cdots, \text{NP}\}, \ i=\{1, 2, 3, \cdots, m\}$$

(3-26)

将式(3-26)改写为下列矩阵形式：

$$\boldsymbol{P}^{(2)}(\boldsymbol{w})=\boldsymbol{P}(\boldsymbol{w})\times\boldsymbol{M} \quad (3-27)$$

由于$\boldsymbol{P}(\boldsymbol{w})$是一个 NP×$m$ 的矩阵，只考虑迁徙操作；$\boldsymbol{P}^{(2)}(\boldsymbol{w})$也是一个 NP×$m$ 的矩阵，不仅考虑迁徙操作，还包含了变异操作。在同时包含了迁徙操作和变异操作的情况下，式(3-27)改写为

$$\begin{cases} \boldsymbol{P}^{(2)}(\boldsymbol{v} \mid \boldsymbol{w}) = \sum\limits_{J\in Y}\prod\limits_{k=1}^{\mathrm{NP}}\prod\limits_{i=1}^{m}[\boldsymbol{P}_{ki}^{(2)}(\boldsymbol{w})]^{J_{ki}} = \sum\limits_{J\in Y}\prod\limits_{k=1}^{\mathrm{NP}}\prod\limits_{i=1}^{m}\Big[\sum\limits_{j=1}^{m}P_{kj}(\boldsymbol{w})\times M_{ji}\Big]^{J_{ki}} \\ Y = \Big\{J \in \mathbf{R}^{\mathrm{NP}\times m}: \forall k, k\in\{1, 2, 3, \cdots, \mathrm{NP}\}, \sum\limits_{i=1}^{m}J_{ki} = 1; \\ \qquad \forall i, i\in\{1, 2, 3, \cdots, m\}, \sum\limits_{k=1}^{\mathrm{NP}}J_{ki} = v_i;\ \forall J_{ki} \in \{0, 1\}\Big\} \end{cases} \tag{3-28}$$

通过计算在所有可能的种群矢量$\boldsymbol{w}$的情况下，经过一代后获得所有可能的种群矢量$\boldsymbol{v}$，即可以获得马尔科夫转移矩阵$\boldsymbol{T}$[124]。

命题 3-4　BBO 优化方法从种群矢量$\boldsymbol{w}$经过一代演化后到种群矢量$\boldsymbol{v}$的一步转移矩阵$\boldsymbol{T}$是一个$H_{\mathrm{PopSize}}\times H_{\mathrm{PopSize}}$的矩阵，其中，

$$\begin{cases} H_{\mathrm{PopSize}} = \sum\limits_{S'(k)}\prod\limits_{i=0}^{\mathrm{PopSize}}\begin{pmatrix}\sum\limits_{j=0}^{i}k_j \\ k_i\end{pmatrix} \\ S'(k) = \{k \in \mathbf{R}^{\mathrm{PopSize}+1}: k_i \in \{0, 1, 2, \cdots, m\} \\ \qquad \sum\limits_{j=0}^{\mathrm{PopSize}}k_j = m, \sum\limits_{j=0}^{\mathrm{PopSize}}jk_j = \mathrm{PopSize}\} \end{cases} \tag{3-29}$$

证明　当 PopSize＝1 时，已知个体空间中全体待选解的个数为m，因此左式等于m，而右式等于$\begin{pmatrix}k_0 \\ k_0\end{pmatrix}\begin{pmatrix}k_0+k_1 \\ k_1\end{pmatrix}$，又由于$\sum\limits_{j=0}^{\mathrm{PopSize}}jk_j = \mathrm{PopSize}$，代入$\mathrm{PopSize}=1$得$0\times k_0+1\times k_1 = \mathrm{PopSize} = 1$。

因为$\sum\limits_{j=0}^{\mathrm{NP}}k_j = m$，所以$k_0+k_1 = m$，得$k_0 = m-1$，$k_1 = 1$，右式等于$\begin{pmatrix}m-1 \\ m-1\end{pmatrix}\cdot\begin{pmatrix}m \\ 1\end{pmatrix} = m$，即$\mathrm{PopSize}=1$等式成立。

假设$\mathrm{PopSize}=\mathrm{Pop}$成立，那么$\mathrm{PopSize}=\mathrm{Pop}+1$时，可得

$$H_{\mathrm{Pop}+1} = \sum_{k_1+k_2+\cdots+k_{\mathrm{Pop}-1}+K=m}\begin{pmatrix} m \\ k_1, k_2, \cdots, k_{\mathrm{Pop}-1}, K\end{pmatrix}\sum_{k_{\mathrm{Pop}}+k_{\mathrm{Pop}+1}=K}\begin{pmatrix} K \\ k_{\mathrm{Pop}}, k_{\mathrm{Pop}+1}\end{pmatrix}$$

因为

$$\begin{pmatrix} m \\ k_1, k_2, \cdots, k_{\mathrm{Pop}-1}, K\end{pmatrix} = \frac{m!}{k_1!k_2!\cdots k_{\mathrm{Pop}-1}!K!}$$

以及

$$\begin{pmatrix} K \\ k_{\mathrm{Pop}}, k_{\mathrm{Pop}+1}\end{pmatrix} = \frac{K!}{k_{\mathrm{Pop}}!k_{\mathrm{Pop}+1}!}$$

所以

$$H_{\mathrm{Pop}+1}=\frac{m!}{k_1!k_2!\cdots k_{\mathrm{Pop}-1}!K!}\times\frac{K!}{k_{\mathrm{Pop}}!k_{\mathrm{Pop}+1}!}=\frac{m!}{k_1!k_2!\cdots k_{\mathrm{Pop}-1}!k_{\mathrm{Pop}}!k_{\mathrm{Pop}+1}!}$$

上式还可以写成：

$$H_{\mathrm{Pop}+1}=\binom{k_0}{k_0}\binom{k_0+k_1}{k_1}\cdots\binom{k_0+k_1+\cdots+k_{\mathrm{Pop}+1}}{k_{\mathrm{Pop}+1}}=\sum_{S'(k)}\prod_{i=0}^{\mathrm{Pop}+1}\binom{\sum_{j=0}^{i}k_j}{k_i}$$

故命题得证。

3.4 基于生物地理进化算法的收敛性分析

如果当前种群内至少存在一个最优解，则当前种群可以被叫作最优种群。最优种群可以不是唯一的，也就是可能有多个，多个最优种群构成的空间称之为目标子空间 $B_0^*(\subset\Omega)$。BBO 算法的目标是从初始种群开始，找到目标子空间 $B_0^*(\subset\Omega)$ 中的种群。

定义 3-14 满意值定义为 $S(X)=\min\{\mathrm{cost}(x_i),\ i=1,2,\cdots,\mathrm{NP}\}$，其中 X 表示种群，$X=\{x_1,x_2,\cdots,x_{\mathrm{NP}}\}$，$\mathrm{cost}(x_i)$ 为个体 x_i 的成本函数值；满意目标种群子集或者目标子空间定义为 $B_0^*=\{X\mid s(X)=\min\{\mathrm{cost}(x),\ x\in S\}\}$，其中 S 表示个体空间，即由所有待选解构成的空间。

定义 3-15 已知一个马尔科夫种群系列 $\{\xi_t,\ t=0,1,2,\cdots\}(\xi_t\in\Omega)$ 和一个目标子空间 $B_0^*\subset\Omega$，Ω 为种群空间，定义 ξ_t 处于 B_0^* 中的概率为 $u_t=\sum_{y\in B_0^*}P(\xi_t=y)$。

定义 3-16 已知一个马尔科夫种群系列 $\{\xi_t,\ t=0,1,2,\cdots\}(\xi_t\in\Omega)$ 和一个目标子空间 $B_0^*\subset\Omega$，Ω 为种群空间，如果满足等式 $\lim_{t\to\infty}u_t=1$，则该马尔科夫种群系列收敛到 B_0^*，称之为收敛性[125]。

引理 3-1 BBO 算法迭代种群的变化是单调非递增的，即 $S(X(t+1))\leqslant S(X(t))$。

证明 由于在种群迭代过程中，BBO 算法把当前种群 t 的最佳个体 x_{best} 保存起来，并且用其代替最差个体 x_{worst}，因此 BBO 在种群 $t+1$ 代中总包含了上一代中的最佳个体，即 $S(X(t+1))\leqslant S(X(t))$。

定理 3-1 BBO 算法当 $t\to\infty$ 时，马尔科夫种群系列 $\{\xi_t,\ t=0,1,2,\cdots\}(\xi_t\in\Omega)$ 以概率 1 收敛到满意目标种群 B^* 的子集

$$B_0^*=\{Y=\{y_1,y_2,\cdots,y_{\mathrm{NP}}\}:\exists i\in\{1,2,\cdots,\mathrm{NP}\},\ y_i\in B^*\}$$

即

$$\lim_{t\to\infty}P(\xi_t\in B_0^*\mid\xi_0)=1\tag{3-30}$$

证明 设 x^* 为成本函数 $\mathrm{cost}(\cdot)$ 的唯一最优解。

若 $x^*\in\xi_0$，因为马尔科夫种群系列是吸引马尔科夫链，则 $x^*\in\xi_t$，$t=1,2,3,\cdots$；因此 $\lim_{t\to\infty}P(\xi_t\in B_0^*\mid\xi_0)=1$ 成立。

若 $x^* \notin \xi_0$，假设 $\exists t_1 > 0$，$x^* \in \xi_{t_1}$，$\exists t_2 > 0$，$x^* \in \xi_{t_2}$，则 $\xi_{t_1} \in B_0^*$，$\xi_{t_2} \in B_0^*$；因此 $P(\xi_{t_1}, \xi_{t_2}) > 0$，$P(\xi_{t_2}, \xi_{t_1}) > 0$，即 $\xi_{t_1} \leftrightarrow \xi_{t_2}$。

若 $x^* \notin \xi_0$，假设 $\exists t_1 > 0$，$x^* \in \xi_{t_1}$，$\exists t_2 > 0$，$x^* \notin \xi_{t_2}$，则 $P(\xi_{t_1}, \xi_{t_2}) = 0$ 即 $\xi_{t_1} ! \rightarrow \xi_{t_2}$。因为 B_0^* 为正常返的不可约闭集，且为非周期的[126]，则 $\forall \xi_0$，$\exists \pi(Y)$，$\pi(Y)$ 为某一极限概率分布，使得

$$\lim_{t \to \infty} P(\xi_t = Y \mid \xi_0) = \begin{cases} \pi(Y), & Y \in B_0^* \\ 0, & Y \notin B_0^* \end{cases} \tag{3-31}$$

即 ξ_t 必然进入 B_0^*，因此

$$\lim_{t \to \infty} P(\xi_t \in B_0^* \mid \xi_0) = 1$$

3.5　基于生物地理进化算法的收敛速率分析

定义 3-17　已知一个吸引马尔科夫种群系列 $\{X_t, t = 0, 1, 2, \cdots\}(X_t \in \Omega)$ 和一个目标子空间 $B_0^* \subset \Omega$，Ω 为种群空间，t 时刻马尔科夫链处在目标子空间的概率为 $u_t = \sum_{y \in B_0^*} P(X_t = y)$，定义 t 时刻该马尔科夫链收敛到 B_0^* 的速率[113]为 $p_t = 1 - u_t = 1 - \sum_{y \in B_0^*} P(X_t = y)$，即 t 时刻的收敛速率。

由上述定义易得 $p_t + u_t = 1$。

假设一个随机变量 ρ，用来表示下面发生的事件：

$\rho = 0$：$X_0 \in B_0^*$；

$\rho = 1$：$X_1 \in B_0^* \wedge X_j \notin B_0^* (j = 0)$；

$\rho = 2$：$X_2 \in B_0^* \wedge X_j \notin B_0^* (\forall j \in \{0, 1\})$；

$\rho = 3$：$X_3 \in B_0^* \wedge X_j \notin B_0^* (\forall j \in \{0, 1, 2\})$；

……

$\rho = t-1$：$X_{t-1} \in B_0^* \wedge X_j \notin B_0^* (\forall j \in \{0, 1, \cdots, t-2\})$；

$\rho = t$：$X_t \in B_0^* \wedge X_j \notin B_0^* (\forall j \in \{0, 1, \cdots, t-1\})$；

……

随机变量 ρ 即首次到达目标子空间 B_0^* 的时间，则首次到达目标子空间的平均时间，即 ρ 的期望可以表示为 $E[\rho]$。

定义 3-18　随机变量 ρ 在 t 时刻的分布函数定义为 $D_\rho(t) = P(\rho \leqslant t) = P(\rho = t) + P(\rho < t)$，$D_\rho(t)$ 的含义是在 t 时刻或 t 时刻之前到达目标子空间的概率。

由前一小节证明可知，BBO 算法中的马尔科夫链是吸引马尔科夫链，则容易得到下列关系：

$$\begin{aligned} u_t - u_{t-1} &= \sum_{y \in B_0^*} P(X_t = y) - \sum_{y \in B_0^*} P(X_{t-1} = y) \\ &= P(\rho = t) \end{aligned} \tag{3-32}$$

由式(3-32)推导得到 $u_t = P(\rho = t) + u_{t-1}$，该式中 u_t 的含义表示 t 时刻处于目标子空间的概率等于 t 时刻之前处于目标子空间的概率加上 t 时刻首次处于目标子空间的概率。比较上式和分布函数的定义，在吸引马尔科夫链中，得到一个新的关系：

$$u_t = D_\rho(t) \tag{3-33}$$

根据定义 3-17，可得

$$D_\rho(t) = u_t = 1 - p_t \tag{3-34}$$

式(3-33)和式(3-34)表明在吸引马尔科夫链中，ρ 在 t 时刻的分布函数与 u_t 完全等价，也可以用 1 减掉 t 时刻的收敛速率 p_t 来表示。

为使自治，以下给出引理 3-2[113]，目的是得到首次到达目标子空间的时间期望与收敛速率之间的关系。

引理 3-2　给定两个随机变量 α 和 β，且 $E[\alpha] < \infty$，$E[\beta] < \infty$，采用定义 3-18 定义两个随机变量 α 和 β 在 t 时刻的分布函数为 $D_\alpha(t)$ 和 $D_\beta(t)$：

$$D_\alpha(t) = P(\alpha \leqslant t) = \sum_{j=0}^{t} P(\alpha = j)$$

$$D_\beta(t) = P(\beta \leqslant t) = \sum_{j=0}^{t} P(\beta = j)$$

如果 $\forall t \in \{0, 1, 2, 3, \cdots\}$，$D_\alpha(t) \geqslant D_\beta(t)$，则

$$E[\alpha] \leqslant E[\beta] \tag{3-35}$$

其中，$E[\alpha] = \sum_{t=0}^{\infty} t \cdot P(\alpha = t) < \infty$，$E[\beta] = \sum_{t=0}^{\infty} t \cdot P(\beta = t) < \infty$。

证明　根据随机变量 α 的定义 $E[\alpha] = \sum_{t=0}^{\infty} t \cdot P(\alpha = t)$ 得

$$\begin{aligned}
E[\alpha] &= \sum_{t=0}^{\infty} t \cdot P(\alpha = t) = 0 \cdot P(\alpha = 0) + \sum_{t=1}^{\infty} t \cdot P(\alpha = t) \\
&= 0 \cdot \sum_{t=0}^{0} P(\alpha = 0) + \sum_{t=1}^{\infty} t \cdot (P(\alpha \leqslant t) - P(\alpha \leqslant t-1)) \\
&= 0 \cdot \sum_{t=0}^{0} P(\alpha = 0) + \sum_{t=1}^{\infty} t \cdot \Big(\sum_{j=0}^{t} P(\alpha = j) - \sum_{j=0}^{t-1} P(\alpha = j) \Big) \\
&= 0 \cdot D_\alpha(0) + \sum_{t=1}^{\infty} t \cdot (D_\alpha(t) - D_\alpha(t-1)) \\
&= \sum_{t=1}^{\infty} t \cdot (D_\alpha(t) - D_\alpha(t-1)) \\
&= \sum_{j=1}^{+\infty} \sum_{t=j}^{+\infty} (D_\alpha(t) - D_\alpha(t-1)) \\
&= \sum_{j=0}^{+\infty} \lim_{t \to +\infty} (D_\alpha(t) - D_\alpha(j)) \\
&= \sum_{j=0}^{+\infty} (1 - D_\alpha(j))
\end{aligned}$$

在以上推导过程中，第二和第三个等式是根据分布函数的定义得到的，最后一个式子

是因为 $\lim\limits_{t\to+\infty} D_\alpha(t) = \lim\limits_{t\to+\infty}\sum_{j=0}^{t} P(\alpha = j) = 1$，即是全概率公式。

同理可得 $E[\beta] = \sum_{j=0}^{+\infty}(1 - D_\beta(j))$。

因此为了比较 $E[\alpha]$ 和 $E[\beta]$ 的大小，只需要将两者相减即可：

$$
\begin{aligned}
E[\alpha] - E[\beta] &= \sum_{j=0}^{+\infty}(1 - D_\alpha(j)) - \sum_{j=0}^{+\infty}(1 - D_\beta(j)) \\
&= \sum_{j=0}^{+\infty}(D_\beta(j) - D_\alpha(j)) \\
&\leqslant 0
\end{aligned}
$$

命题得证。

上述引理 3-2 得到了两个随机变量的分布函数和首次到达目标子空间的期望之间的关系，而分布函数又是用1减掉收敛速率；因此引理3-2意义重大，它建立起了收敛速率和首次到达目标子空间的期望之间的关系。

为使本章自治，以下给出引理 3-3[125]，目的是得到收敛速率的上下界，主要应用在离散状态空间的情况下。

引理 3-3　已知一个吸引马尔科夫种群系列$\{X_t, t=0, 1, 2, \cdots\}(X_t \in \Omega)$和一个目标子空间 $B_0^* \subset \Omega$，Ω 为种群空间；如果存在系列$\{\phi_t, t=0, 1, 2, \cdots\}$和系列$\{\varphi_t, t=0, 1, 2, \cdots\}$，并且同时符合如下条件：

(1) $\prod_{t=0}^{+\infty}(1 - \phi_t) = 0$；

(2) $\phi_t \leqslant \sum_{y\notin B_0^*} P(X_{t+1} \in B_0^* \mid X_t = y)\dfrac{P(X_t = y)}{p_t} \leqslant \varphi_t$，

则该吸引马尔科夫链收敛于 B_0^*，且收敛速度 p_t满足如下关系：

$$
p_0\prod_{j=0}^{t-1}(1 - \varphi_j) \leqslant p_t \leqslant p_0\prod_{j=0}^{t-1}(1 - \phi_j) \tag{3-36}
$$

证明　因为已知一个吸引马尔科夫链，因此由定义 3-17(t 时刻的收敛速率 p_t)，可以得到如下关系：

$$
\begin{aligned}
p_t - p_{t-1} &= (1 - \mu_t) - (1 - \mu_{t-1}) \\
&= -(\mu_t - \mu_{t-1}) \\
&= -\Big(\sum_{y\in B_0^*} P(X_t = y) - \sum_{y\in B_0^*} P(X_{t-1} = y)\Big) \\
&= -P(\rho = t) \\
&= -\sum_{y\notin B_0^*} P(X_t \in B_0^* \mid X_{t-1} = y)P(X_{t-1} = y)
\end{aligned}
$$

上述等式两边同除以 p_{t-1}，则上述式子可以改写成下式：

$$
\frac{p_t - p_{t-1}}{p_{t-1}} = -\sum_{y\notin B_0^*} P(X_t \in B_0^* \mid X_{t-1} = y)\frac{P(X_{t-1} = y)}{p_{t-1}}
$$

由于已知满足条件(2)，可得

$$-\varphi_{t-1}\leqslant\frac{p_t-p_{t-1}}{p_{t-1}}\leqslant-\phi_{t-1}$$

$$\Rightarrow -p_{t-1}\varphi_{t-1}\leqslant p_t-p_{t-1}\leqslant-\phi_{t-1}p_{t-1}$$

$$\Rightarrow -p_{t-1}\varphi_{t-1}+p_{t-1}\leqslant p_t\leqslant-\phi_{t-1}p_{t-1}+p_{t-1}$$

$$\Rightarrow -(1-\mu_{t-1})\varphi_{t-1}+(1-\mu_{t-1})\leqslant 1-\mu_t\leqslant-\phi_{t-1}(1-\mu_{t-1})+(1-\mu_{t-1})$$

$$\Rightarrow(1-\mu_{t-1})(1-\varphi_{t-1})\leqslant 1-\mu_t\leqslant(1-\mu_{t-1})(1-\phi_{t-1})$$

$$\Rightarrow p_{t-1}(1-\varphi_{t-1})\leqslant p_t\leqslant p_{t-1}(1-\phi_{t-1})$$

将上式递归展开，可得

$$p_0\prod_{j=0}^{t-1}(1-\varphi_j)\leqslant p_t\leqslant p_0\prod_{j=0}^{t-1}(1-\phi_j)$$

上述两个引理，分别确定了首次到达目标子空间的期望与收敛速率的关系，以及确定了收敛速度的上下界关系，基于这两个引理，为使本章自治，给出定理3-2[113]可以确定首次到达目标子空间的平均时间所处的范围，即期望的上下界。

定理3-2　已知一个吸引马尔科夫种群系列$\{X_t, t=0,1,2,\cdots\}(X_t\in\Omega)$和一个目标子空间$B_0^*\subset\Omega$，$\Omega$为种群空间；如果存在系列$\{\phi_t, t=0,1,2,\cdots\}$和系列$\{\varphi_t, t=0,1,2,\cdots\}$，并且同时符合如下条件：

(1) $\prod_{t=0}^{+\infty}(1-\phi_t)=0$；

(2) $\phi_t\leqslant\sum_{y\notin B_0^*}P(X_{t+1}\in B_0^*\mid X_t=y)\dfrac{P(X_t=y)}{p_t}\leqslant\varphi_t$，

则该吸引马尔科夫链收敛于B_0^*，且首次到达目标子空间的平均时间满足如下关系：

$$p_0\Big(\varphi_0+\sum_{t=2}^{+\infty}t\varphi_{t-1}\prod_{j=0}^{t-2}(1-\varphi_j)\Big)\leqslant E[\rho]\leqslant p_0\Big(\phi_0+\sum_{t=2}^{+\infty}t\phi_{t-1}\prod_{j=0}^{t-2}(1-\phi_j)\Big)\tag{3-37}$$

证明　根据引理3-3得

$$p_t\leqslant p_0\prod_{j=0}^{t-1}(1-\phi_j)$$

由于$p_t=1-\mu_t$，代入$t=0$，得

$$p_0=1-\mu_0$$

又由于μ_t本质上就是随机变量ρ的分布，即$D_\rho(t)=\mu_t$，因此可以μ_t来表示分布函数的下界：

$$D_\rho(t)\geqslant\begin{cases}1-p_0, & t=0\\ 1-p_0\prod_{j=0}^{t-1}(1-\phi_j), & t\neq 0\end{cases}$$

现假设引入了一个松弛变量ξ，使得该变量正好是D_ρ的下界。计算ξ的期望可得

$$
\begin{aligned}
E[\xi] = & \sum_{t=0}^{\infty} t \cdot P(\xi = t) = 0 \cdot (1 - p_0) + 1 \cdot (p_0 - p_0(1 - \phi_0)) + \\
& \sum_{t=2}^{+\infty} t \cdot \left(p_0 \prod_{j=0}^{t-2}(1 - \phi_j) - p_0 \prod_{j=0}^{t-1}(1 - \phi_j)\right) \\
= & \phi_0 p_0 + \sum_{t=2}^{+\infty} t \cdot \phi_{t-1} p_0 \prod_{j=0}^{t-2}(1 - \phi_j) \\
= & p_0\left(\phi_0 + \sum_{t=2}^{+\infty} t \cdot \phi_{t-1} \prod_{j=0}^{t-2}(1 - \phi_j)\right)
\end{aligned}
$$

因为 $D_\rho(t) \geqslant D_\xi(t)$，由引理 3-2 得

$$E[\rho] \leqslant E[\xi]$$

因此得到首次到达目标子空间的平均时间的一个上界：

$$E[\rho] \leqslant p_0\left(\phi_0 + \sum_{t=2}^{+\infty} t \cdot \phi_{t-1} \prod_{j=0}^{t-2}(1 - \phi_j)\right)$$

一种特殊情况：当初始种群中不包含最优解时，$p_0 = 1$。在大多数种群迭代算法中，初始种群中一般不包含最优解，因此上述公式也可以代入 $p_0 = 1$，可以进一步简化。

同理，也可得首次到达目标子空间的平均时间的一个下界。

在基于种群的群体智能算法中，常用的变异操作有如下几种[113]：

定义 3-19　针对每一个待选解的每位按常数概率（如 $p_c \in (0, 1)$）变异操作，这里命名为 Mutation-Constant（如果是二进制编码的待选解，则每位按 p_c 概率进行翻转：$0 \rightarrow 1$，$1 \rightarrow 0$；如果是 d 进制编码的待选解，则每位按 $\dfrac{p_c}{(d-1)}$ 概率翻转到其他状态之一）。

定义 3-20　针对每一个待选解的每位按 $1/n$ 概率变异操作，这里命名为 Mutation-$1/n$（如果是二进制编码的待选解，则每位按 $1/n$ 概率进行翻转：$0 \rightarrow 1$，$1 \rightarrow 0$；如果是 d 进制编码的待选解，则每位按 $\dfrac{1}{n(d-1)}$ 概率翻转到其他状态之一）。

定义 3-21　针对每一个待选解，随机选择一位，并且变异产生新的待选解，这里命名为 Mutation-random-1（如果是二进制编码的待选解，则按 $1/n$ 概率进行翻转：$0 \rightarrow 1$，$1 \rightarrow 0$；如果是 d 进制编码的待选解，则选中的该位按 $\dfrac{1}{n(d-1)}$ 概率翻转到其他状态之一）。

当种群规模等于 1 时，种群空间与待选解空间刚好重合，即它们之间是等价的，当待选解采用 n 位的 d 进制数（d 为大于等于 2 的整数）编码时，种群空间和解空间大小都为 d^n；当种群规模大于 1 后，待选解空间与种群空间不相同了：当待选解采用 n 位的 d 进制数（d 为大于等于 2 的整数）编码时，解空间为 d^n；而种群空间的大小还与种群定义有关（即是无序集合种群或者有序集合种群）。现在需要考虑怎么样将种群空间投影（映射）到马尔科夫链空间，一般来说，有两种方法：一种是把种群当作是解的无序集合种群，另外一种是把种群当作是解的有序集合种群。

定义 3-22　采用(·)代表一个待选解，采用{·}代表某一种群，则采用不同的顺序排列组成，而且这些拥有相同序列解，但解的排列顺序不相同，构成的各个集合被视为等价的，这样的种群被称为无序集合种群。

定义 3-23 采用(·)代表一个待选解，采用{·}代表某一种群，则用一系列相同的待选解，采用不同的顺序排列组成，而且这些拥有相同序列解，但解的排列顺序不相同构成的各个集合被视为不相同的种群，这样的种群被称为有序集合种群。

例如，采用二进制编码，问题规模为 3，种群规模为 4 的两个种群如下：$POP_1 = \{(000), (111), (101), (001)\}$，$POP_2 = \{(000), (111), (001), (101)\}$。如果 POP_1 和 POP_2 看作是无序集合种群，则 POP_1 和 POP_2 是等价的。如果 POP_1 和 POP_2 看作是有序集合种群，则 POP_1 和 POP_2 是两个完全不相同的种群。

采用 d 进制编码，问题规模为 n，种群规模为 PopSize 的种群空间，当种群看作是无序集合种群时，总共有 $\begin{pmatrix} d^n + \text{PopSize} - 1 \\ \text{PopSize} \end{pmatrix}$ 个不相同的种群。

当把种群看作是有序集合种群时，总共有 $d^{n\times \text{PopSize}}$ 个不同的种群。

当把种群看作是无序集合种群时，分析起来比较复杂，因为每一个种群的生成的概率都有可能是不相同的。例如：采用二进制编码，问题规模为 3，种群规模为 4，以每位 0.5 的概率生成如下两个种群：$POP_1 = \{(000), (000), (000), (000)\}$，$POP_2 = \{(000), (111), (001), (101)\}$，则 POP_1 的生成概率 0.5^{12}，而 POP_2 的生成概率 $C_4^1C_3^1C_2^1 \times 0.5^{12} = 24 \times 0.5^{12}$。显然，无序种群的分析比较困难。为了将问题简化，分析起来方便，我们可以将种群做另外一种等价映射操作：即待选解的顺序不相同(但集合里面各个元素都相同)构成的种群都看作是不相同的种群。

这样做可以让问题得到简化，因为如果每一个种群都采用随机生成的方法来获得，则每个种群生成的概率都相等，即 $P(\xi_t) = \dfrac{1}{d^{n\times \text{PopSize}}}$。受文献[113]启发，得到命题 3-5、命题 3-6 和命题 3-7。

命题 3-5 对于种群规模为 n 和待选解规模(即待选解维数，或问题规模)为 n 的 BBO 算法求解 Wrapper 扫描链平衡设计问题时，假如初始种群中没有最优解，则该算法只采用 Mutation-Constant 的变异操作时，首次到达目标子空间的时间的期望有如下下界：

$$E[\rho] = O\left(\frac{\delta^n}{n}\right) \tag{3-38}$$

其中 $\sigma = 1/(1-p_c)$ 为 >1 的常数，n 为待选解的维数，待选解编码采用 d 进制编码(d 为整数且 $d \geqslant 2$)。

证明 我们已知一个解采用 Mutation-Constant 一步生成最优解的概率最大值为 $\dfrac{p_c(1-p_c)^{n-1}}{d-1}$，可知一个解采用 Mutation-Constant 一步生成最优解的概率最小值为 $1-\dfrac{p_c(1-p_c)^{n-1}}{d-1}$。又由于种群被看作是有序种群，则种群规模为 n 的种群一步生成至少

有一个最优解的最小概率为$\left(1-\frac{p_c(1-p_c)^{n-1}}{d-1}\right)^n$。因此我们得到种群规模为 n 的种群一步生成至少有一个最优解的最大概率为 $1-\left(1-\frac{p_c(1-p_c)^{n-1}}{d-1}\right)^n$，即

$$P(X_{t+1}\in B_0^*\mid X_t=y)\leqslant 1-\left(1-\frac{p_c(1-p_c)^{n-1}}{d-1}\right)^n$$

可得

$$\begin{aligned}\sum_{y\notin B_0^*}P(X_{t+1}\in B_0^*\mid X_t=y)\frac{P(X_t=y)}{p_t}&\leqslant\sum_{y\notin B_0^*}\left(1-\left(1-\frac{p_c(1-p_c)^{n-1}}{d-1}\right)^n\right)\frac{P(X_t=y)}{p_t}\\&=\left(1-\left(1-\frac{p_c(1-p_c)^{n-1}}{d-1}\right)^n\right)\frac{\sum_{y\notin B_0^*}P(X_t=y)}{p_t}\\&=1-\left(1-\frac{p_c(1-p_c)^{n-1}}{d-1}\right)^n\\&\approx n\times\frac{p_c(1-p_c)^{n-1}}{d-1}\end{aligned}$$

设定 $\varphi_t=n\times\frac{p_c(1-p_c)^{n-1}}{d-1}$，根据定理 3-2，可得首次到达目标子空间的期望时间的下界为

$$E[\rho]\geqslant\frac{1}{n}\times\frac{d-1}{p_c(1-p_c)^{n-1}}=\frac{1}{n}\times\frac{d-1}{p_c}\times\left(\frac{1}{1-p_c}\right)^{n-1}$$

对于给定的 p_c 和 d，令$\frac{d-1}{p_c}=k$，$\frac{1}{1-p_c}=\delta$，即得

$$E[\rho]=O\left(\frac{\delta^n}{n}\right)$$

命题 3-6　对于种群规模为 n 和待选解规模(即待选解维数，或问题规模)为 n 的 BBO 算法求解 Wrapper 扫描链平衡设计问题时，假如初始种群中没有最优解，则该算法只采用 Mutation $-1/n$ 的变异操作时，首次到达目标子空间的时间的期望有如下下界：

$$E[\rho]=O\left(\frac{d^n}{n^2}\right)\tag{3-39}$$

其中，n 为待选解的维数，待选解编码采用 d 进制编码(d 为整数且 $d\geqslant 2$)。

证明　首先设定 $\Omega_k=\{y\in\Omega\mid\min_{x\in y}||x-x^*||_H=n-k\}\in\Omega$，$||x-x^*||_H$ 代表的是待选解 x 到最优解 x^* 的 Hamming 距离，上述子空间 Ω_k 表示与最优解 x^* 最少有 $n-k$ 位不相同的待选解构成的种群集合，即与最优解 x^* 最多有 k 位相同的待选解构成的种群集合。将种群空间进行划分，且 $\Omega=\bigcup_{k=0}^{n}\Omega_k$。

设定

$$\Omega_k'=\{y\in\Omega_k\mid\forall x\in y:||x-x^*||_H=n-k\}\in\Omega$$

根据 Mutation - $1/n$ 的性质，可得其一步搜索到最优解的概率：

$$\begin{aligned}\forall y \in \Omega_k : P(X_{t+1} \in X^* \mid X_t = y) &\leqslant P(X_{t+1} \in X^* \mid X_t \in \Omega'_k) \\ &= 1 - \left[1 - \left(\frac{1}{d-1} \times \frac{1}{n}\right)^{n-k} \left(1 - \frac{1}{n}\right)^k\right]^n \\ &\approx n\left(\frac{1}{d-1} \times \frac{1}{n}\right)^{n-k} \left(1 - \frac{1}{n}\right)^k\end{aligned}$$

在子空间 Ω_k 中，最多有 k 位与最优解相同，因此初始种群处于子空间 Ω_k 的概率计算如下：

$$\forall y \in \Omega_k : P(X_0 = y) \leqslant n \times \begin{pmatrix} n \\ k \end{pmatrix} \times \frac{1}{d^n}$$

取 $t = 0$ 特例，计算其一步搜索到最优解的概率为

$$\begin{aligned}\sum_{y \notin B_0^*} P(X_1 \in B_0^* \mid X_0 = y) \frac{P(X_0 = y)}{p_0} &= \sum_{y \notin B_0^*} P(X_1 \in B_0^* \mid X_0 = y) P(X_0 = y) \\ &= \sum_{i=0}^{n-1} \sum_{y \in \Omega_i} P(X_1 \in B_0^* \mid X_0 = y) P(X_0 = y) \\ &\leqslant \sum_{i=0}^{n-1} n \times \left(\frac{1}{d-1} \times \frac{1}{n}\right)^{n-i} \left(1 - \frac{1}{n}\right)^i \times n \times \begin{pmatrix} n \\ i \end{pmatrix} \times \frac{1}{d^n} \\ &= n^2 \left[1 - \left(\frac{n-1}{n}\right)^n\right] \left(\frac{1}{d^n}\right) \\ &= n^2 \left[1 - \frac{1}{\left(\frac{n}{n-1}\right)^n}\right] \left(\frac{1}{d^n}\right) \\ &\approx n^2 \left(1 - \frac{1}{\mathrm{e}}\right) \left(\frac{1}{d^n}\right)\end{aligned}$$

上述推导过程中，等式一是因为以不包含最优解的初始种群开始时 $p_0 = 1$；等式二是种群空间的划分造成的，即 $\Omega = \bigcup_{i=0}^{n} \Omega_i$；不等式三是因为

$$\forall y \in \Omega_k : P(X_0 = y) \leqslant n \times \begin{pmatrix} n \\ k \end{pmatrix} \times \frac{1}{d^n}$$

以及

$$\forall y \in \Omega_k : P(X_{t+1} \in X^* \mid X_t = y) \leqslant n\left(\frac{1}{d-1} \times \frac{1}{n}\right)^{n-k} \left(1 - \frac{1}{n}\right)^k$$

因此

$$\begin{aligned}\sum_{y \notin B_0^*} P(X_{t+1} \in B_0^* \mid X_t = y) \frac{P(X_t = y)}{p_t} &\leqslant \sum_{y \notin B_0^*} P(X_1 \in B_0^* \mid X_0 = y) \frac{P(X_0 = y)}{p_0} \\ &\leqslant n^2 \left(1 - \frac{1}{\mathrm{e}}\right) \left(\frac{1}{d^n}\right)\end{aligned}$$

设定 $\varphi_t = n^2\left(1-\frac{1}{\mathrm{e}}\right)\left(\frac{1}{d^n}\right)$，根据定理 3-2，得

$$E[\rho] \geqslant \left(\frac{1}{1-\frac{1}{\mathrm{e}}}\right)\frac{d^n}{n^2}$$

即

$$E[\rho] = O\left(\frac{d^n}{n^2}\right)$$

命题 3-7　对于种群规模为 n 和待选解规模(即待选解维数，或问题规模)为 n 的 BBO 算法求解 Wrapper 扫描链平衡设计问题时，假如初始种群中没有最优解，则该算法分别独立地采用迁徙操作和变异操作时：

(1) 如果采用迁徙操作和 Mutation - Constant 变异操作，首次到达目标子空间的时间的期望有如下下界：

$$E[\rho] = O\left(\max\left(\frac{1}{n}\times\frac{d-1}{p_c\,(1-p_c)^{n-1}},\ \frac{1}{n}\times\frac{1}{\zeta(k)}\times\frac{1}{(1-\zeta(k))^{n-1}}\right)\right) \tag{3-40}$$

其中 p_c 为常数，n 为待选解的维数，待选解编码采用 d 进制编码 (d 为整数且 $d\geqslant 2$)，$\zeta(k)$ 为归一化迁入概率，k 为当前聚居地生物数量，k 不超过 $n$max；

(2) 如果采用迁徙操作和 Mutation - $1/n$ 变异操作，首次到达目标子空间的时间的期望有如下下界：

$$E[\rho] = O\left(\frac{d^n}{n^2}\right) \tag{3-41}$$

其中 n 为待选解的维数，待选解编码采用 d 进制编码(d 为整数且 $d\geqslant 2$)。

证明　因为迁徙操作和变异操作之间相互独立地从种群生成新的待选解，X_{t+1}^{Q} 表示迁徙操作产生的种群，X_{t+1}^{M} 代表迁变异作产生的种群，可得

$$\begin{aligned}&\sum_{y\notin B_0^*} P(X_{t+1}\in B_0^* \mid X_t = y)\,\frac{P(X_t = y)}{p_t}\\ =&\sum_{y\notin B_0^*} P(X_{t+1}^{Q}\in B_0^* \mid X_t = y)\,\frac{P(X_t = y)}{p_t} + \\ &\sum_{y\notin B_0^*} P(X_{t+1}^{M}\in B_0^* \mid X_t = y)\,\frac{P(X_t = y)}{p_t}\end{aligned}$$

根据变异算子的特性得

$$\sum_{y\notin B_0^*} P(X_{t+1}^{M}\in B_0^* \mid X_t = y)\,\frac{P(X_t = y)}{p_t} \leqslant \begin{cases} n\times\dfrac{p_c\,(1-p_c)^{n-1}}{d-1}, & \text{Mutation - Constant}\\ n^2\left(1-\dfrac{1}{\mathrm{e}}\right)\left(\dfrac{1}{d^n}\right), & \text{Mutation - }1/n\end{cases}$$

而对于迁徙操作，则有：当待选解与最优解相比，只有一位不相同，此时采用迁徙操

作，只需要迁入一位，其余位保持，便得出一个种群通过迁徙操作一步得到至少包含一个最优解的最大概率为

$$P(X_{t+1}^{Q} \in B_0^* \mid X_t = y) \leqslant 1-(1-\lambda_k'(1-\lambda_k')^{n-1})^n$$

其中，$\lambda_k' = \lambda_l + \dfrac{(\lambda_u - \lambda_l)(\lambda_k - \lambda_{\min})}{\lambda_{\max} - \lambda_{\min}}$，其中 $\lambda_l = 0$，$\lambda_u = 1$，$\lambda_{\max}$ 和 $\lambda_{\min}$ 为常数。$\lambda_k = I(1 - \dfrac{k}{n_{\max}})$，其中 $I = 1$，$n_{\max}$ 代表聚居地所能够容纳生物的最大数量，k 代表聚居地当前生物的数量。代入可得 $\lambda'_k = \dfrac{1 - k/n_{\max} - \lambda_{\min}}{\lambda_{\max} - \lambda_{\min}}$，由于 $n_{\max}$、$\lambda_{\max}$ 和 $\lambda_{\min}$ 均为常数，因而 λ'_k 可用一个函数 $\lambda'_k = \zeta(k)$ 来表示，则

$$\begin{aligned}
&\sum_{y \notin B_0^*} P(X_{t+1}^{Q} \in B_0^* \mid X_t = y) \frac{P(X_t = y)}{p_t} \\
&\leqslant \sum_{y \notin B_0^*} \{1 - [1 - \zeta(k)(1 - \zeta(k))^{n-1}]^n\} \frac{P(X_t = y)}{p_t} \\
&= \{1 - [1 - \zeta(k)(1 - \zeta(k))^{n-1}]^n\} \frac{\sum_{y \notin B_0^*} P(X_t = y)}{p_t} \\
&= 1 - [1 - \zeta(k)(1 - \zeta(k))^{n-1}]^n \\
&\approx n \times \zeta(k)(1 - \zeta(k))^{n-1}
\end{aligned}$$

因此，在 Mutation - Constant 时，有

$$\begin{aligned}
&\sum_{y \notin B_0^*} P(X_{t+1} \in B_0^* \mid X_t = y) \frac{P(X_t = y)}{p_t} \\
&\leqslant n \times \frac{p_c(1 - p_c)^{n-1}}{d-1} + n \times \zeta(k)(1 - \zeta(k))^{n-1}
\end{aligned}$$

设定 $\varphi_t = n \times \dfrac{p_c(1-p_c)^{n-1}}{d-1} + n \times \zeta(k)(1-\zeta(k))^{n-1}$，根据定理 3 - 2，可得首次到达目标子空间的期望时间的下界为

$$E[\rho] \geqslant \left[n \times \frac{p_c(1-p_c)^{n-1}}{d-1} + n \times \zeta(k)(1-\zeta(k))^{n-1}\right]^{-1}$$

即

$$E[\rho] = O\left(\max\left(\frac{1}{n} \times \frac{d-1}{p_c(1-p_c)^{n-1}}, \frac{1}{n} \times \frac{1}{\zeta(k)} \times \frac{1}{(1-\zeta(k))^{n-1}}\right)\right)$$

在 Mutation - $1/n$ 时，有

$$\begin{aligned}
&\sum_{y \notin B_0^*} P(X_{t+1} \in B_0^* \mid X_t = y) \frac{P(X_t = y)}{p_t} \\
&\leqslant n^2\left(1 - \frac{1}{\mathrm{e}}\right)\left(\frac{1}{d^n}\right) + n \times \zeta(k)(1-\zeta(k))^{n-1}
\end{aligned}$$

设定 $\varphi_t = n^2\left(1-\frac{1}{\mathrm{e}}\right)\left(\frac{1}{d^n}\right)+n\times\zeta(k)\,(1-\zeta(k))^{n-1}$，根据定理 3-2，可得首次到达目标子空间的期望时间的下界为

$$E[\rho]\geqslant\left[n^2\left(1-\frac{1}{\mathrm{e}}\right)\left(\frac{1}{d^n}\right)+n\times\zeta(k)\,(1-\zeta(k))^{n-1}\right]^{-1}$$

即 $E[\rho]=O\left(\frac{d^n}{n^2}\right)$。

3.6　扫描链平衡优化方法研究

3.6.1　基于生物地理进化算法的扫描链平衡优化方法

定义 3-24　PopSize 为群体规模，n 为适应度指数变量的个数，$\boldsymbol{H}_k$ 为一个个体，$\boldsymbol{H}_k=(\mathrm{SIV}_1, \mathrm{SIV}_2, \cdots, \mathrm{SIV}_n)$，为待解问题的一个可行解，表示 n 条内部扫描链的一种均衡设计方案。

定义 3-25　SIV 为适应度指数变量，$\forall\,\mathrm{SIV}_i$，$i\in[1, n]$，$\mathrm{SIV}_i\in C$，C 为一整数集合。定义 $C=\{1, 2, \cdots, w\}$，而 w 为 Wrapper 扫描链的条数。

定义 3-26　用成本函数的倒数来表征适应度 HSI，其中成本函数定义为

$$\mathrm{CostFunc}(\boldsymbol{H}_k)=\sum_{i=1}^{i=w}(L(P_i)-\frac{1}{n}\sum_{j=1}^{j=n}(L(S_j))^2 \tag{3-42}$$

其中，$L(P_i)$ 表示第 i 条 Wrapper 扫描链的长度，$L(S_j)$ 表示第 j 条内部扫描链的长度。

成本函数值越大，表示适应度越小，该待选可行解越差。

BBO 算法提供的染色体编码有两种：二进制编码和实数编码。不过，本方法采用二进制编码存在较大冗余。由于本章研究的是内部扫描链的分配组合问题，内部扫描链的数目及各个扫描链长度均为离散的整数值，因此比较适合采取整数向量的染色体编码方案。

设某一 IP 模块具有 n 条内部扫描链，它们的长度分别表示为$\{L(S_1), L(S_2), \cdots, L(S_n)\}$，把它们分成 w 条 Wrapper 扫描链，整数向量编码为 $\boldsymbol{X}=(x_1, x_2, \cdots, x_j, \cdots, x_n)$，其中，$x_j$ 为 1 到 w 之间的整数(包括 1 和 w)。

例如，ITC'02 Test benchmarks[111] 中的 d695. soc 有 11 个模块，模块 6 中有 16 条内部扫描链$\{S_1, S_2, \cdots, S_{16}\}$，其长度为{41, 41, 40, 40, 40, 40, 40, 40, 40, 40, 40, 40, 39, 39, 39, 39}。如果将其分成两条 Wrapper 扫描链($w=2$)，则待选解编码向量$\boldsymbol{X}^1=(1, 2, 1, 2, 1, 2, 1, 2, 1, 2, 1, 2, 1, 2, 1, 2)$，表示将奇数系列内部扫描链连接构成第一条 Wrapper 扫描链，将偶数系列内部扫描链连接构成第二条 Wrapper 扫描链。

算法3.1 把每个解编码为一个d位的$\{1, 2, 3, \cdots, z\}$向量，z的取值取决于w，每个种群的规模为PopSize，已知一成本函数CostFunc(H_k)，则基于BBO算法的测试Wrapper扫描链平衡优化方法如下：

```
E ← a, selected value a ∈ [0, 1]; I ← b, selected value b ∈ [0, 1]; PopSize ← c, c ∈ Z⁺;
MaxGen ← MG, MG ∈ Z⁺, g ← 0; d ← n; w ← w_0
X_p^k ← X_p^k(low) + (X_p^k(up) − X_p^k(low)) × rand(0, 1) ; p = 1, 2, …, d; k = 1, 2, …, PopSize
R ← sort (R, increase);
while g < MaxGen
X^best ← X^1;
  for k = 1: PopSize
      e_k ← E·(NP − k)/S_max; i_k = I·(1 − (NP − k)/S_max);
  end for
  for k = 1: NP
      for j = 1: d
          if rand(0, 1) < i_k
              根据 e_k 随机生成一个数赋值给 t;
              X^k(j) ← X^t(j);
          end if
      end for
  end for
  for k = 1: PopSize
      m_k ← m_max·(1 − Pr_k)/P_max;
  end for
  for k = round(PopSize/2): PopSize
          for j = 1 : d
              if m_k > rand(0, 1)
               X^k(j) ← floor(Min + (Max − Min + 1) * rand(0, 1));
              end if
          end for
  end for
  R ← sort(R, increase);
  X^PopSize ← X^best;
  g ← g + 1;
end while
return X^1;
```

测试 Wrapper 扫描链设计算法的具体描述如下：

Step (1)：首先设置最大迁出速率 E、最大迁入速率 I、最大变异概率 m_{max}、种群规模 PopSize $= N$ 和最大规定代数 MaxGen，根据 IP 核内部扫描链的条数设定整数向量的维数 d，根据 Wrapper 扫描链的条数设定 $w = m$。

Step (2)：在可行域中随机产生一个种群规模为 PopSize 的初始种群 $\boldsymbol{R} = (\boldsymbol{X}^1, \boldsymbol{X}^2, \cdots, \boldsymbol{X}^{PopSize})$。

Step (3)：计算 $\boldsymbol{R} = (\boldsymbol{X}^1, \boldsymbol{X}^2, \cdots, \boldsymbol{X}^{PopSize})$ 所有个体的成本函数值，按照成本函数值递增将全部个体排序。

Step (4)：根据每个个体的成本函数值计算每个个体的迁入速率 i_k、迁出速率 e_k、概率 Pr_k 和变异概率 m_k，$k \in [1, N]$。

Step (5)：产生随机数 rand $\in [0, 1]$，对于任一个个体 $\boldsymbol{X}^j$，$j \in [1, N]$，如果 rand $\leqslant i_j$，则执行迁徙操作：根据 e_j 的概率选中个体$\boldsymbol{X}^t$，在$\boldsymbol{X}^t$ 中随机选择一个 SIV 值代替$\boldsymbol{X}^j$ 个体中的一个随机 SIV 值，即$\boldsymbol{X}^j$(SIV) $\leftarrow$ $\boldsymbol{X}^t$(SIV)；否则，个体保持不变。

Step (6)：计算更新种群每一个个体的成本函数值，按照成本函数值递增将所有个体排序。

Step (7)：产生随机数 rand $\in [0, 1]$，对于任一个个体X^j，$j \in [N/2, N]$(只对 $N/2$个个体，即适应度值较差的那些个体按照概率执行变异操作)，如果 rand $\leqslant m_j$，则执行变异操作：根据Pr_j 的概率选中个体$\boldsymbol{X}^t$，随机产生一个 SIV 值代替原来的值；否则，个体保持不变。

Step (8)：种群中 N 个个体处理完否，未完则跳转到 Step (5)。

Step (9)：计算每一个个体的成本函数值，采取精英策略，用前一代成本函数值最小的个体代替当前代中成本函数值最大的个体。

Step (10)：迭代次数是否达到最大规定次数，没有则转移到 Step (4)，已经到了最大规定次数则输出内部扫描链均衡最优解。

算法的时间复杂度分析如下：

Step (1)：设定初始化参数运行时间为常数；

Step (2)：产生初始种群的复杂度为 $O(N)$；

Step (3)：计算个体成本函数值的复杂度为 $O(N)$，二分法排序的复杂度为 $O(n \cdot \log(n))$，其中 n 为 IP 核内部扫描链的数目；

Step (4)：复杂度为 $O(4N)$；

Step(5) ~ Step(10)：Step (5) 到 Step (8) 最坏的情况下的复杂度为 $O(n \cdot \log(n) \cdot N)$，则 Step (4) 到 Step (10) 的复杂度为 $O(\text{MaxGen} \cdot (4N + n \cdot \log(n) \cdot N + 2N))$。

总的复杂度为

$$O(2N + n \cdot \log(n) + \text{MaxGen} \cdot (6N + n \cdot \log(n) \cdot N)) \tag{3-43}$$

当取 N 和 MaxGen 为常数的时候，上式变为 $O(n \cdot \log(n) + \text{MaxGen} \cdot n \cdot \log(n) \cdot N)$，而实现上述功能的 BFD 算法复杂度为 $O(n \cdot \log(n) + m \cdot n)$。比较两式，发现当 $\text{MaxGen} \cdot \log(n) \cdot N = m$ 时，BBO 算法和 BFD 算法复杂度相当，其中 m 为 Wrapper 扫描链的数目。

为了加快 BBO 算法搜索到最优解的速度，在 3.6.3 小节中提出了基于反向学习生物地理进化（OBBO，Opposition-based learning and Biogeography Based Optimization）算法。

3.6.2 基于差分进化算法的扫描链平衡优化方法

差分进化（DE，Differential Evolution）算法最早是由 R. Storn 在 1997 年提出的，由于该算法具有简洁易行、控制参数少的特点，已经在各个领域得到了广泛的应用[126-132]。

差分进化算法从形式上看，与遗传算法类似，它的算子也包括选择算子、交叉算子和变异算子。在标准的遗传算法当中，通常采用轮盘赌方法进行选择，而差分进化算法中，采用锦标赛的选择方法。对于交叉算子，差分进化算法与遗传算法基本类似；而对于变异算子，差分进化算法则采用了一种独特的方法，即将两个不相同的个体之间的差分矢量进行缩放并且加到第三个个体上，从而实现变异操作。下面进行详细介绍。

1. 初始种群的产生

一般来说，基于群体智能的算法采用随机的方法产生初始种群。假设 Pop_0 为初始种群，即

$$\text{Pop}_0 = \{X^1, X^2, \cdots, X^k, \cdots, X^{\text{PopSize}}\} \tag{3-44}$$

其中，PopSize 为种群规模，k 为个体的序列数，$k = 1, 2, 3, \cdots, \text{PopSize}$，每个个体可以表示为

$$\boldsymbol{X}^k = (X_1^k, X_2^k, \cdots, X_p^k, \cdots, X_d^k) \tag{3-45}$$

其中，d 为问题的规模（解的维数），$p = 1, 2, \cdots, d$，$k = 1, 2, 3, \cdots, \text{PopSize}$。$X_p^k$ 的表达如下

$$X_p^k = X_p^k(\text{low}) + (X_p^k(\text{up}) - X_p^k(\text{low})) \times \text{rand}(0, 1) \tag{3-46}$$

其中，$X_p^k(\text{low})$ 是第 k 个个体的第 p 维的下界，$X_p^k(\text{up})$ 是第 k 个个体的第 p 维的上界，rand(0，1) 表示 0 到 1 之间的一个随机数。

2. 变异操作

在大多数基于进化的智能算法中，一般采用在可行域随机产生策略来实现变异操作，但在差分进化算法中，则采用差分策略实现变异。在标准的差分策略中，首先随机选出三个不相同的个体，将其中两个个体之间的差分矢量进行缩放，然后与第三个个体进行综合，实现变异操作，如下：

$$\boldsymbol{V}^{i}(g+1)=\boldsymbol{X}^{r_1}(g)+F\cdot(\boldsymbol{X}^{r_2}(g)-\boldsymbol{X}^{r_3}(g)),\ r_1\neq r_2\neq r_3\neq i \tag{3-47}$$

其中，g 表示迭代代数，F 为缩放因子，$g=1, 2, \cdots$，MaxGen，MaxGen 为最大的迭代代数。

以上变异策略就是标准的差分策略，得到了最广泛的应用，究其原因是它能够保持种群的多样性。此外还有第二种差分策略，如下：

$$\boldsymbol{V}^{i}(g+1)=\boldsymbol{X}^{b}(g)+F\cdot(\boldsymbol{X}^{r_2}(g)+\boldsymbol{X}^{r_3}(g)-\boldsymbol{X}^{r_4}(g)-\boldsymbol{X}^{r_5}(g)) \tag{3-48}$$

其中，$r_4\neq r_2\neq r_3\neq r_5\neq i$，$\boldsymbol{X}^{b}(g)$ 为第 g 代的最佳个体。

3. 交叉操作

第 g 代 $\{\boldsymbol{X}^{1}(g), \boldsymbol{X}^{2}(g), \cdots, \boldsymbol{X}^{k}(g), \cdots, \boldsymbol{X}^{\mathrm{PopSize}}(g)\}$ 以及它的变异体进行如下的交叉操作：

$$U_j^k(g+1)=\begin{cases}V_j^k(g+1), & \mathrm{rand}(0, 1)\leqslant \mathrm{CR}\ \|\ j=j_{\mathrm{rand}}\\ X_j^k(g), & \text{其他}\end{cases} \tag{3-49}$$

其中，CR 表示交叉概率，j_{rand} 表示一个 1 至 d 之间的随机整数。

4. 选择操作

差分进化算法采用贪心策略确定新一代，也就是说，经过交叉操作产生的个体比父代种群中相应的个体优秀时，就采用新产生的个体替代父代种群相应的个体，否则保持不变。

$$X^k(g+1)=\begin{cases}U^k(g+1), & f(U^k(g+1))\leqslant f(X^k(g+1))\\ X^k(g), & \text{其他}\end{cases} \tag{3-50}$$

5. 对不可行解的操作

当差分进化进行时，为了确保实施各个算子后的解是可行解，需确定每个个体的每个基因是否在规定的范围内。如果当前个体不在可行域中，则采用和初始化类似的操作产生一个新的个体来代替不可行解。

算法 3.2　把每个解都编码为一个 d 位的$\{1, 2, 3, \cdots, z\}$ 向量，z 的取值取决于 w，每个种群的规模为 PopSize，已知一成本函数 CostFunc(•)，则采用差分进化算法的测试 Wrapper 扫描链的平衡优化方法如下：

ScalingFactor ← F，CrossOver$P$ ← P_m，PopSize ← c，$c\in Z^{+}$；MaxGen ← MG，MG $\in \boldsymbol{Z}^{+}$，g ← 0；d ← n；w ← w_0

随机初始化 parent 种群

随机初始化 mutant 种群

随机初始化 child 种群

While $g <$ MaxGen

用式(3-47)更新 mutant 种群

```
用式(3-49)更新 child 种群
用式(3-50)更新 parent 种群
g ← g+1;
End While
parent ← sort(parent, increase);
return parent¹;
```

3.6.3 基于反向学习生物地理进化算法的扫描链平衡优化方法

1. 基于反向学习(OBL，Opposition Based Learning)算法

进化计算算法一般从一个随机的初始种群(初始方案)开始，然后通过相应的交叉、变异和选择等操作提高种群的适应度，逐渐向最优方案靠近。在搜索最优解的过程中，当搜索(进化)的次数达到规定的最大迭代代数，或者适应度达到预定的精度范围时，才停止搜索，把当前得到的最优解当作最终的解决方案。在没有先验知识的前提下，进化从一个随机的猜想群(初始种群)开始，所以进化计算所需的时间与最初的猜想到最优解之间的距离密切相关。当最初猜想离最优解距离较近的时候，进化计算很快就找到最优解，计算时间自然较短；反之，当最初猜想离最优解距离较远时，进化计算很久才能够找到最优解，计算时间自然较很长。如果在提出最初猜想的同时，还检测与之对应的反猜想，然后从中选择一个适应度更高者作为初始种群，便可让进化计算从一个离最优解更近的初始方案开始搜索。根据概率理论，与对应的相反方案到最优解的距离相比，有 50% 的概率，提出的初始方案到最优解的距离要远些。受此启发，如果能够从上面两种方案中适应度高者开始搜索，则肯定可以加快搜索的收敛速度(当初始方案与对应的相反方案相等时例外)。当然，我们还可以在进化过程中对每一代种群中的每一个个体都采用该操作，从而达到加快收敛的目的。在介绍 OBL 算法前，以下先给出相反数的一些概念[127]。

定义 3-27 已知 $\forall x, x \in [a, b]$，x 为一实数，定义相反数 y 为

$$y = a + b - x \tag{3-51}$$

该定义是在一维空间的情况，同理可把该定义扩展到多维空间。

定义 3-28 已知矢量 $\boldsymbol{X}$ 为 n 维空间的一个点，$\boldsymbol{X} = (X_1, X_2, \cdots, X_n)$，其中 $\forall x_i \in \mathbf{R}$ 且 $\forall x_i \in [a_i, b_i]$，$i \in [1, n]$，$\boldsymbol{Y} = (Y_1, Y_2, \cdots, Y_n)$，定义相反点 $\boldsymbol{Y}$，其第 i 维为

$$Y_i = a_i + b_i - X_i,\ i \in [1, n] \tag{3-52}$$

根据定义 3-28，基于相反点的优化可以定义如下：

定义 3-29(基于相反点的优化) 已知 $\boldsymbol{X}$ 为 n 维空间的一个点(待选解)，$\boldsymbol{X} = (X_1, X_2, \cdots, X_n)$，假设 CF(•) 为成本函数，用来衡量待选解的适应度，成本函数值越大代表其适应度越小。根据相反点的定义，$\boldsymbol{Y} = (Y_1, Y_2, \cdots, Y_n)$ 是 $\boldsymbol{X} = (X_1, X_2, \cdots, X_n)$ 的相反点。如果 $\mathrm{CF}(\boldsymbol{Y}) <= \mathrm{CF}(\boldsymbol{X})$，则用 $\boldsymbol{Y}$ 代替 $\boldsymbol{X}$，否则，继续采用 $\boldsymbol{X}$ 进行进化计算。与此

同时，对原解决方案和与之相反的解决方案进行评估，采用成本函数值更小的解决方案继续进行进化。

2. 基于 OBL 的初始种群生成

由于迭代初始阶段，对与之相关的知识知之甚少，因此通常采用如下随机化操作。

1）随机初始猜想

$$G_{0i,j} = \text{round}(c + (d - c) \cdot \text{rand}),\ i = 1, 2, \cdots, \text{NP};\ j = 1, 2, \cdots, D \tag{3-53}$$

其中，round(x) 是一个函数，它将 x 取整，使得取得的整数最接近于 x；c 是每一个个体的某一维（基因）的下界，d 是每一个个体的某一维（基因）的上界。OBBO 算法中，令 c 等于 1，d 等于 w，而 w 由 Wrapper 扫描链的数目决定。

2）初始相反猜想

依据初始猜想，可以得到相反猜想，即初始相反猜想：

$$\text{OG}_{0i,j} = c + d - \text{G}_{0i,j},\ i = 1, 2, \cdots, \text{PopSize};\ j = 1, 2, \cdots, D \tag{3-54}$$

其中，$\text{G}_{0i,j}$ 和 $\text{OG}_{0i,j}$ 分别表示初始猜想（初始种群的第 i 个个体的第 j 维）和初始相反猜想（初始相反种群的第 i 个个体的第 j 维）。

3）确定最终的初始种群 G_0

根据每个个体的成本函数值，在集合$\{\text{G}_0, \text{OG}_0\}$中选择 PopSize 个个体作为最终的初始种群 G_0。

3. 基于 OBBO 的扫描链平衡优化方法

通过对正在迭代的种群采用 OBL 算法，进化的过程中可能跳转到一个新的待选解，其有可能比当前的解要更好。经过迁徙操作和变异操作之后产生的种群，基于一个跳转概率 Jo，相反种群获得如下：

$$\text{OG}_{gi,j} = c + d - \text{G}_{gi,j},\ g = 1, 2, \cdots, \text{MaxGen};\ i = 1, 2, \cdots, \text{PopSize};\ j = 1, 2, \cdots, D \tag{3-55}$$

然后，PopSize 个个体从当前种群和当前相反种群选出。基于 OBL 的种群更新与基于 OBL 的初始种群生成有些细微的差别。OBL 的种群更新需要动态地根据跳转概率 Jo 产生相反种群。

算法 3.3　把每个解编码为一个 d 位的$\{1, 2, 3, \cdots, z\}$向量，z 的取值取决于 w，每个种群的规模为 PopSize，已知一成本函数 CostFunc(•)，则采用 OBBO 算法的测试 Wrapper 扫描链平衡优化方法为

1：系统初始化基于相反的种群初始化开始

2：产生随机初始种群 G_0

3：for $i = 1$: NP

4：　{for $j = 1$: D

```
            {OG0 i, j = c + d − G0 i, j;}}
根据每个个体的成本函数，从集合{G0，OG0}中选取 NP 个个体
  % 基于相反的种群初始化结束
for i = 1 : NP
    {G0i · cost = CF(G0i); } % 计算每个个体的成本函数
G0 = sort(G0, ascend); % 按照成本函数递增的顺序对种群 G0 进行排序
g ← 0;
while(g < MaxGen and BFV > VTR)
   { g ← g+1;
       BestPrevious = G(g−1)1; % 保存 g−1 代成本函数最小的个体
       Im = getIm(G(g−1)) ; % 用式 (3-5) 计算迁入速率
       Em = getEm(G(g−1)) ; % 用式 (3-4) 计算迁出速率
     Prob = ComputeProb(Im, Em) ; % 用式(3-3) 计算 Prob
       m = ComputeMutaProb(Prob); % 用式 (3-6) 计算变异概率
       for k = 1 : NP
          { 根据 Imk 的概率选择 G(g−1)k
             if(rand(0, 1) < Imk)
                { for j = 1 : NP
                      {根据 Em 的概率选择 G(g−1)j
                         if(rand(0, 1) < Emj)
                            {G(g−1)k(SIV)   ← G(g−1)j(SIV)}}}}
       for k = 1 : NP   % 变异操作
          {根据 Probk 的概率选择 G(g−1)k(SIV)
             if(rand(0, 1) < mk)
                   {采用随机生成的 SIV 代替   G(g−1)k(SIV) }}
     获得第 g 代种群 Gg   %   基于相反的跳转操作开始
       if (rand(0, 1) < Jo)
          {for i = 1 : NP
              { for j = 1 : D
                   {OGg i, j = c + d − Gg i, j;}}}
     根据每个个体的成本函数，从集合{Gg，OGg}中选取 NP 个个体作为种群 Gg
   % 基于相反的跳转操作结束
     Gg = sort(Gg, ascend); % 按照成本函数递增的顺序对种群 Gg 进行排序
       BestCurent = Gg1; % 保存 g 代成本函数最小的个体
     Gg(NP) = BestPrevious ; % 用前一代最好的个体代替当前代最差个体
   }
```

3.7 实验结果与分析

3.7.1 BBO 与 BFD 等算法的实验结果与分析

ITC’02 标准中大部分 IP Module 的内部扫描链比较均衡，因此选取这些 IP Module 无法直观比较哪种方法更优。为了验证 BBO 算法的有效性，本节从 ITC’02 标准[111]中选取了典型 SoC 的 2 个“不均衡”IP 核：p22810 IP 核 Module 26 和 p34392 IP 核 Module 10。

本节的算法程序采用 MATLAB 语言编写，设定算法的最大规定代数为 50，每一代的群体规模为 50，每一个个体的染色体个数由 IP 核 Module 内部扫描链条数决定；设定最大迁入速率 I 为 1，设定最大迁出速率 E 为 1，设定初始变异概率为 0.005，每种方法独立运行 20 次，取最优解。表 3.1 的实验对象为 p22810 IP 核 Module 26，其信息为：Module 26 Level 1 Inputs 66 Outputs 33 Bidirs 98 ScanChains 31 ：400 400 400 400 400 400 399 399 399 399 399 399 399 399 399 399 399 399 399 399 399 399 334 334 333 333 333 279 279 278 198。选择它的原因在于它是一个非常“不均衡”的 IP 核，其 31 条内部扫描链平均值为 370.484，最大和最小的差值达到 202，方差为 2585.7。

表 3.1 中第一列 w 为 Wrapper 的条数。当 w 为 1 时，所有方法的结果都一致，即最长 Wrapper 的长度为所有内部扫描链之和。当 w 大于等于内部扫描链条数 n 时，很明显最长 Wrapper 的长度等于内部扫描链中最大值。因此选取 w 为 2 到 $n-1$ 之间。第二列为 BBO 获得的最长 Wrapper 的长度。第三列为采用文献[9]方法 BFD 获得的最长 Wrapper 的长度。第四列为采用文献[10]方法 MVA 获得的最长 Wrapper 的长度。第五列为采用文献[11]方法 MVAR 获得的最长 Wrapper 的长度。第六列 R_B 表示最长 Wrapper 扫描链的缩短百分比，该值为负时表示缩短，为正时表示增长，计算公式为 $R_B = (L_B - L_D)/L_B$。第七列 R_M 表示意义同上，计算公式为 $R_M = (L_B - L_M)/L_B$。第八列 R_{MR} 表示意义同上，计算公式为 $R_{MR} = (L_B - L_{MR})/L_B$。

针对表 3.1，首先对 BBO 与 BFD 算法的实验结果进行比较。在 R_B 列，所有负值表示 BBO 算法与 BFD 算法相比，最长 Wrapper 的长度缩短的百分比；所有正值表示 BBO 算法与 BFD 方法相比，最长 Wrapper 的长度增长的百分比；所有 0 值表示 BBO 与 BFD 算法效果相同。统计结果是 BBO 优于 BFD 的结果有 10 个，占比 34.48%；差于 BFD 的有 5 个，占比 17.24%；效果相同的有 14 个，占比 48.28%。在 R_M 列，BBO 与 MVA 算法相比，BBO 优于 MVA 的结果有 10 个，占比 34.48%；差于 MVA 的有 5 个，占比 17.24%；效果相同的有 14 个，占比 48.28%。在 R_{MR} 列，BBO 与 MVAR 方法相比，BBO 优于 MVAR 的结果有 10 个，占比 34.48%；差于 MVAR 的有 5 个，占比 17.24%，效果相同的有 14 个，占比 48.28%。其中 MVAR 方法中采用均值余量为 1% 时，实验结果表明，MVAR 有 3 个结果优于 MVA 方法，其他的效果相同。当均值余量提高到 5% 时，Wrapper 链的均衡性变差，当均值余量等于 0 时，该方法等效于 MVA 方法，说明 MVAR 参数选取合适的时候完全可以代替 MVA 方法。

表 3.1 p22810 IP 核 Module 26 实验结果

w	最长 Wrapper 扫描链				$R_B/\%$	$R_M/\%$	$R_{MR}/\%$
	BBO:L_B	BFD:L_D	MVA:L_M	MVAR:L_{MR}			
2	5744	5815	5789	5789	−1.24	−0.78	−0.78
3	3858	3939	3870	3870	−2.09	−0.31	−0.31
4	2925	2943	2992	2992	−0.62	−2.29	−2.29
5	2329	2409	2331	2331	−3.43	−0.09	−0.09
6	1932	2063	1998	1997	−6.78	−3.42	−3.36
7	1743	1809	1795	1795	−3.79	−2.98	−2.98
8	1531	1530	1531	1531	+0.07	0	0
9	1409	1411	1410	1410	−0.14	−0.07	−0.07
10	1198	1274	1275	1274	−6.34	−6.43	−6.34
11	1132	1132	1132	1132	0	0	0
12	1131	1131	1131	1131	0	0	0
13	1066	1066	1065	1065	0	+0.09	+0.09
14	958	1011	1010	1010	−5.53	−5.43	−5.43
15	810	875	876	875	−8.02	−8.15	−8.02
16	798	798	798	798	0	0	0
17	799	798	798	798	+0.13	+0.13	+0.13
18	798	798	798	798	0	0	0
19	798	798	798	798	0	0	0
20	798	798	798	798	0	0	0
21	798	798	798	798	0	0	0
22	733	733	733	733	0	0	0
23	733	732	732	732	+0.14	+0.14	+0.14
24	732	732	732	732	0	0	0
25	732	678	678	678	+7.38	+7.38	+7.38
26	677	666	666	666	+1.62	+1.62	+1.62
27	612	612	612	612	0	0	0
28	611	611	611	611	0	0	0
29	557	557	557	557	0	0	0
30	476	476	476	476	0	0	0

表 3.2 的实验对象为 p34392 IP 核 Module 10，其信息为：Module 10 Level 1 Inputs 129 Outputs 207 Bidirs 0 ScanChains 19 ：519 501 501 480 438 429 393 362 286 276 268 64

54 36 36 28 24 20 16。它也是一个非常“不均衡”的 IP 核，其 19 条内部扫描链平均值为 249，最大和最小的差值高达 503。

表 3.2　p34392 IP 核 Module 10 实验结果

w	最长 Wrapper 扫描链				$R_B/\%$	$R_M/\%$	$R_{MR}/\%$
	BBO:L_B	BFD:L_D	MVA:L_M	MVAR:L_{MR}			
2	2366	2369	2372	2367	−0.13	−0.25	−0.04
3	1578	1587	1591	1591	−0.57	−0.82	−0.82
4	1185	1188	1198	1198	−0.25	−1.10	−1.10
5	951	1045	982	1045	−9.88	−3.26	−9.88
6	822	822	822	822	0	0	0
7	756	755	755	755	+0.13	+0.13	+0.13
8	697	697	697	697	0	0	0
9	630	630	630	630	0	0	0
10	544	544	544	544	0	0	0
11	519	519	519	519	0	0	0
12	519	519	519	519	0	0	0
13	519	519	519	519	0	0	0
14	519	519	519	519	0	0	0
15	519	519	519	519	0	0	0
16	519	519	519	519	0	0	0
17	519	519	519	519	0	0	0
18	519	519	519	519	0	0	0

根据表 3.2 的统计结果，BBO 与 BFD 相比，BBO 优于 BFD 的结果有 4 个，占比 23.53%；差于 BFD 的有 1 个，占比5.88%；效果相同的有 12 个，占比 70.59%。BBO 与 MVA 方法相比，BBO 优于 MVA 的结果有 4 个，占比 23.53%；差于 MVA 的有 1 个，占比 5.88%；效果相同的有 12 个，占比 70.59%。BBO 与 MVAR 方法相比，BBO 算法优于 MVAR 的结果有 4 个，占比 23.53%；差于 MVAR 的有 1 个，占比 5.88%；效果相同的有 12 个，占比 70.59%。

以上实验结果表明 BBO 结果总体上均优于文中其他几种方法。显然，BFD 方法是提到的方法中复杂度最低的，其次是 MAV 和 MAVR。根据没有免费午餐(NFL，No Free Lunch)定理[133]，BBO 在其他方面又弱于 BFD 等方法。虽然当 MaxGen. $\log(n)\cdot N=\mathrm{m}$ 时，BBO 和 BFD 算法复杂度相当，但一般情况下 MaxGen $\cdot\log(n)\cdot N>m$。因此 BBO 的时间

复杂度比 BFD 增加的百分比为

$$\frac{\text{MaxGen} \cdot \log(n) \cdot N - m}{\log(n) + \text{MaxGen} \cdot \log(n) \cdot N}$$

3.7.2　DE 算法的实验结果与分析

在 ITC'02 标准中，大部分 IP Module 的内部扫描链比较均衡，因此选取这些 IP Module 比较哪种方法更优比较困难[134]。为了验证 DE 算法，本节从 ITC'02 标准中选取了典型 SoC 的另外两个“不均衡”IP 核：p22810 IP 核 Module 5 和 p34392 IP 核 Module 2。DE 算法的各个参数设定如下：种群规模为 20，最大迭代次数为 1500，缩放因子 F 为 0.5，交叉概率 Pc 为 0.2。其余方法的参数配置与上一节一致，每一种方法独立允许 20 次，取最优解。表 3.3 是 p34392 IP 核 Module 2 的实验结果。

表 3.3　p34392 IP 核 Module 2 实验结果

w	最长 Wrapper 扫描链					$R_1/\%$	$R_2/\%$	$R_M/\%$	$R_{MR}/\%$
	DE:L_E	BBO:L_B	BFD:L_D	MVA:L_M	MVAR:L_{MR}				
2	4534	4534	4538	4536	4536	0	−0.09	−0.04	−0.04
3	2953	2952	2954	2953	2953	+0.03	−0.03	0	0
4	2269	2270	2269	2269	2269	−0.04	0	0	0
5	1772	1772	1773	1772	1786	0	−0.06	0	−0.79
6	1701	1701	1701	1701	1701	0	0	0	0
7	1699	1699	1700	1699	1699	0	−0.06	0	0
8	1135	1138	1135	1135	1135	−0.26	0	0	0
9	1134	1135	1134	1134	1134	−0.08	0	0	0
10	1134	1134	1134	1134	1134	0	0	0	0
11	1134	1134	1134	1134	1134	0	0	0	0
12	1134	1134	1134	1134	1134	0	0	0	0
13	1133	1133	1133	1133	1133	0	0	0	0
14	1132	1133	1132	1132	1132	0	0	0	0
15	611	611	611	611	611	0	0	0	0
16	570	570	570	570	570	0	0	0	0
17	570	570	570	570	570	0	0	0	0
18	570	570	570	570	570	0	0	0	0

续表

w	最长 Wrapper 扫描链					$R_1/\%$	$R_2/\%$	$R_M/\%$	$R_{MR}/\%$
	DE:L_E	BBO:L_B	BFD:L_D	MVA:L_M	MVAR:L_{MR}				
19	570	570	570	570	570	0	0	0	0
20	570	570	570	570	570	0	0	0	0
21	570	570	570	570	570	0	0	0	0
22	570	570	570	570	570	0	0	0	0
23	570	570	570	570	570	0	0	0	0
24	570	570	570	570	570	0	0	0	0
25	570	570	570	570	570	0	0	0	0
26	570	570	570	570	570	0	0	0	0
27	570	570	570	570	570	0	0	0	0
28	570	570	570	570	570	0	0	0	0

表 3.3 中，第一列 w 为 Wrapper 的条数。第二列为 DE 算法获得的最长 Wrapper 的长度。第三列为 BBO 算法获得的最长 Wrapper 的长度。第四列为采用文献[9] 方法 BFD 获得的最长 Wrapper 的长度。第五列为采用文献[10] 方法 MVA 获得的最长 Wrapper 的长度。第六列为采用文献[11] 方法 MVAR 获得的最长 Wrapper 的长度。第七列 R_1 表示最长 Wrapper 扫描链的缩短百分比，该值为负时表示缩短，为正时表示增长，计算公式为 $R_1 = (L_E - L_B)/L_E$。第八列 R_2 表示意义同上，计算公式为 $R_2 = (L_E - L_D)/L_E$。第九列 R_M 表示意义同上，计算公式为 $R_M = (L_E - L_M)/ L_E$。第十列 R_{MR} 表示意义同上，计算公式为 $R_{MR} = (L_E - L_{MR})/L_E$。

从表 3.3 可知，DE 算法与 BBO 算法相比，DE 优于 BBO 的结果有 3 个，差于 BBO 的结果有 1 个，相同的结果有 23 个；DE 算法与 BFD 算法相比，DE 优于 BFD 的结果有 4 个，差于 BFD 的结果有 0 个，相同的结果有 23 个，因此，DE 算法总体上要好于 BFD 算法；DE 算法与 MVA 算法相比，DE 优于 MVA 的结果有 1 个，差于 BFD 的结果有 0 个，相同的结果有 26 个。DE 算法与 MVAR 算法相比，DE 优于 MVAR 的结果有 2 个，差于 BFD 的结果有 0 个，相同的结果有 25 个。因此，相比 MVA 和 MVAR 算法，DE 算法也能够进一步缩短最长 Wrapper 扫描链的长度。

表 3.4 是 p22810 IP 核 Module 5 的实验结果。

表 3.4　p22810 IP 核 Module 5 实验结果

w	最长 Wrapper 扫描链					$R_1/\%$	$R_2/\%$	$R_M/\%$	$R_{MR}/\%$
	DE:L_E	BBO:L_B	BFD:L_D	MVA:L_M	MVAR:L_{MR}				
2	1128	1128	1128	1133	1138	0	0	−0.44	−0.89
3	754	752	763	757	757	+0.27	−1.19	−0.39	−0.39
4	567	567	572	578	578	0	−0.88	−1.94	−1.94
5	460	456	461	463	463	+0.87	−0.22	−0.65	−0.65
6	387	381	389	389	387	+0.87	−0.51	−0.51	0
7	334	334	342	335	335	0	−2.40	−0.30	−0.30
8	294	290	295	295	295	+1.38	−0.34	−0.34	−0.34
9	266	263	274	260	260	+1.13	−3.01	+2.26	+2.26
10	246	241	239	247	247	+2.03	+2.85	−0.41	−0.41
11	214	214	214	214	216	0	0	0	−0.93
12	214	214	214	214	214	0	0	0	0
13	214	214	214	214	214	0	0	0	0
14	214	214	214	214	214	0	0	0	0
15	214	214	214	214	214	0	0	0	0
16	214	214	214	214	214	0	0	0	0
17	214	214	214	214	214	0	0	0	0
18	214	214	214	214	214	0	0	0	0
19	214	214	214	214	214	0	0	0	0
20	214	214	214	214	214	0	0	0	0
21	214	214	214	214	214	0	0	0	0
22	214	214	214	214	214	0	0	0	0
23	214	214	214	214	214	0	0	0	0
24	214	214	214	214	214	0	0	0	0
25	214	214	214	214	214	0	0	0	0
26	214	214	214	214	214	0	0	0	0
27	214	214	214	214	214	0	0	0	0
28	214	214	214	214	214	0	0	0	0

表 3.4 中每一列的定义与表 3.3 的相同。从表 3.4 可知，DE 算法与 BBO 算法相比，DE 优于 BBO 的结果有 0 个，差于 BBO 的结果有 6 个，相同的结果有 21 个；DE 算法与 BFD 算法相比，DE 优于 BFD 的结果有 7 个，差于 BFD 的结果有 1 个，相同的结果有 19 个，因此 DE 算法总体上要好于 BFD 算法；DE 算法与 MVA 算法相比，DE 优于 MVA 的结果有 8 个，差于 MVA 的结果有 1 个，相同的结果有 18 个；DE 算法与 MVAR 算法相比，DE 优于 MVAR 的结果有 8 个，差于 MVAR 的结果有 1 个，相同的结果有 18 个。因此，相比于 MVA 和 MVAR 算法，DE 算法也能够进一步缩短最长 Wrapper 扫描链的长度。

综合表 3.3 和表 3.4 的实验结果，可得 DE 算法和 BBO 算法各有优劣，DE 算法总体上要优于 BFD、MVA 以及 MVAR 算法。

3.7.3　OBBO 算法的实验结果与分析

为了比较 OBBO 算法与 BBO 算法的实验结果，本节采用 3.7.1 小节同样的原则，选取典型 IP 核 Module。OBBO 的参数配置与 BBO 的配置一样，如同 3.7.1 小节，但 OBBO 多了一个参数 Jo，Jo 设置为 0.7。OBBO 与 BBO 算法各独立运行 20 次，取各自的最优解，实验结果如表 3.5 和表 3.6 所示。

表 3.5　OBBO 与 BBO 实验结果比较(p34392 IP 核 Module 2)

w	最长 Wrapper 扫描链		
	OBBO：L_O	BBO：L_B	$(L_O - L_B)$
2	4534	4534	0
3	2952	2952	0
4	2269	2270	−1
5	1772	1772	0
6	17011701	0	0
7	1699	1699	0
8	1135	1138	−3
9	1134	1135	−1
10	1134	1134	0
11	1134	1134	0
12	1134	1134	0
13	1133	1133	0
14	1133	1133	0
15	611611	0	0
16	570	570	0
17	570	570	0

续表

w	最长 Wrapper 扫描链		
	OBBO:L_O	BBO:L_B	(L_O-L_B)
18	570	570	0
19	570	570	0
20	570	570	0
21	570	570	0
22	570	570	0
23	570	570	0
24	570	570	0
25	570	570	0
26	570	570	0
27	570	570	0
28	570	570	0

表 3.5 中第一列 w 为 Wrapper 的条数，第二列为 OBBO 算法获得的最长 Wrapper 的长度 L_O，第三列为 BBO 算法获得的最长 Wrapper 的长度 L_B，第四列为 L_O 减去 L_B 的结果。L_O-L_B 如果是负值，代表 OBBO 算法获得比 BBO 算法更短的 Wrapper 扫描链；如果是正值，代表 OBBO 算法获得比 BBO 算法更长的 Wrapper 扫描链。

表 3.5 的实验结果表明，OBBO 算法的结果有 3 个优于 BBO 算法，相同的结果有 24 个。表 3.6 的实验结果表明，OBBO 算法与 BBO 算法相比，OBBO 优于 BBO 的结果有 7 个，相同的结果有 20 个。

表 3.6　OBBO 与 BBO 实验结果比较(p22810 IP 核 Module 5)

w	最长 Wrapper 扫描链		
	OBBO:L_O	BBO:L_B	(L_O-L_B)
2	1128	1128	0
3	752	752	0
4	566	567	−1
5	452	456	−4
6	379	381	−2
7	331	334	−3
8	286	290	−4
9	262	263	−1
10	237	241	−4

续表

w	最长 Wrapper 扫描链		
	OBBO: L_O	BBO: L_B	$(L_O - L_B)$
11	214	214	0
12	214	214	0
13	214	214	0
14	214	214	0
15	214	214	0
16	214	214	0
17	214	214	0
18	214	214	0
19	214	214	0
20	214	214	0
21	214	214	0
22	214	214	0
23	214	214	0
24	214	214	0
25	214	214	0
26	214	214	0
27	214	214	0
28	214	214	0

从表 3.5 与表 3.6 的实验结果，可以发现 OBBO 算法可以比 BBO 算法找到更好的解，这是因为引入了基于相反数的学习操作。在同等的最大迭代次数下，显然 OBBO 算法的复杂度更高，新算子需要额外的计算时间。因此，OBBO 算法找到更优解是通过更精细的搜索达到的。

第4章　基于多目标智能算法的三维 Wrapper 扫描链设计

集成电路已经步入基于 IP 核设计的片上系统(SoC，System On Chip) 时代。在 SoC 中，采用 IEEE 1500 规范可以处理核测试 Wrapper (CTW，Core Test Wrapper) 设计，但是它把测试访问机制的优化问题交给了系统集成者来完成。3D(Three-Dimension) 集成电路的出现，使得三维 SoC 的可测性设计成为当前的研究热点。

开发三维 SoC 可测性设计方案是一项复杂而艰巨的任务，其中有多个问题需要做优化设计，三维测试 Wrapper 设计被证明是 NP hard 问题。为了减少三维 SoC 测试时间，将 Wrapper/TAM 以及测试规划优化问题分成 3D P_W、3D P_{AW}和 3D P_{PAW}三个子问题[20]。三维测试 Wrapper的优化设计成为缩短三维 SoC 测试时间、减少使用 TSV 数目、降低测试成本的关键。

为了减少测试时间，V. IYENGAR等提出了 Wrapper-Design 算法，但该算法只具有局部优化的能力[9]。此外，Wrapper-Design 算法只是针对二维 SoC，并没有考虑使用 TSV 的情况。为了可用 TSV 总数有限的约束条件下达到测三维 SoC 试时间最小的目标，B. Noia 等提出了基于整数线性规划模型的算法，但由于 TSV 数目的限制，测试时间不能够保证是全局最优。为了在 TSV 数目、TAM 宽度以及功耗等的限制条件下使得基于 IP 核的三维 SoC 绑定后测试时间最小，X. Wu 等提出了一种把整数线性规划、LP 松弛模型(LP-relaxation) 和随机化的凑整结合优化方法，但搜索最优解的时间随着问题规模的增大也按指数规律增大。为了减少测试时间，俞洋等用平均值余量的方法对封装扫描链进行设计，采用的是单目标优化方法，但该方法受平均值余量的取值影响较大。如果平均值余量取值不太合适的话，所得的结果可能会变差。但若想取得合适的平均值余量又比较困难，因此该方法也不适用于三维测试 Wrapper 设计。在文献[24] 中，俞洋等提出了面向平均值浮动量的三维测试 Wrapper 设计算法，该算法以初始浮动量为基础，采用穷举法，如果没有找到最优解，就一直将浮动量加 1。穷举的缺点是当最优解比较困难时，搜索时间是非常难以接受的。以上几种方法都没有对测试时间与使用 TSV 资源使用之间的平衡进行考虑，而普遍应用的整数线性规划方法不适应大规模情况。本章提出基于群体智能的多目标优化方法，解决测试时间和 TSV 使用数目的多目标优化问题。

4.1　问题描述

一般来说，为了对三维 SoC 进行测试，需要为每一个嵌入式 IP 芯核设计三维的测试

Wrapper 。根据实际的测试需求，TAM 总线的宽度等于测试 Wrapper 的条数。一条测试 Wrapper 扫描链通常由功能输入单元、功能输出单元和内部扫描链构成。在测试过程当中，通过测试 Wrapper，测试总线被用来向 CUT (Core Under Test) 加载测试矢量。测试矢量当作激励信号激活测试当中的电路。此后，测试响应被捕获进入扫描寄存器。最后测试响应经过 TAM 总线被送回到自动测试设备(ATE，Automatic Test Equipment) 的测试引脚。

经典 Wrapper-Design 方法[9]：第一步，首先将内部扫描链分成 w 条 Wrapper 扫描链，使得最长 Wrapper 扫描链最小化；第二步，对输入单元和输出单元当中长度为 1 的内部扫描链，再次重复步骤一。由于步骤二与步骤一基本相同，只讨论步骤一。假设有一个三维 IP 核有 n 条内部扫描链，它们的长度分别为 Sc_1，Sc_2，…，Sc_n，我们可以定义一个集合 $\mathrm{Sc}=\{\mathrm{Sc}_1, \mathrm{Sc}_2, \cdots, \mathrm{Sc}_n\}$，最长的 Wrapper 扫描链可以定义如下：

给定一个子集 C，$C\subseteq \mathrm{Sc}$，设定 $L(C)$ 为子集 C 中的每一个元素的长度之和，即

$$L(C)=\sum_{c\in C}L(c)$$

我们可以将集合 Sc 分成 w 条 Wrapper 扫描链，也就是

$$D=\{D_1, D_2, \cdots, D_z, \cdots D_w\},\ \forall D_z,\ D_z\subseteq \mathrm{Sc},\ z\in[1, w]$$

定义 $S(D)=\max\limits_{1\leqslant z\leqslant w}L(D_z)$ 为最长 Wrapper 扫描链。

三维 Wrapper 扫描链的设计与前面章节的二维 Wrapper 扫描链的设计的区别是：引入的内部扫描链可能分布在不同的层，因此需要 TSV 将不同层的内部扫描链连接起来以实现 Wrapper 扫描链。

为了说明三维扫描链多目标优化设计的必要性，从 ITC'02 (International Test Conference 2002) 测试标准电路[111]中选择一个 SoC IP 核：h953 的 IP 核 Module 8。假设该三维 IP 核分布在三层上进行设计，设定 TAM 的宽度为 2，已知每条内部扫描链在三层中的分布情况。众所周知，IP 模块的测试时间由最长 Wrapper 扫描链决定，因此如果能够使得最长 Wrapper 扫描链最小化，那么 IP 模块的测试时间就能够最小化。

图 4.1 中，TAM1 所需 TSV 数量为 4，TAM2 所需 TSV 数量为 4，总的所需 TSV 数量为 8，两条 Wrapper 扫描链的长度分别为 940(188＋188＋188＋188＋188) 和 567(189＋189＋189)。因此得到的最长 Wrapper 扫描链为 940：

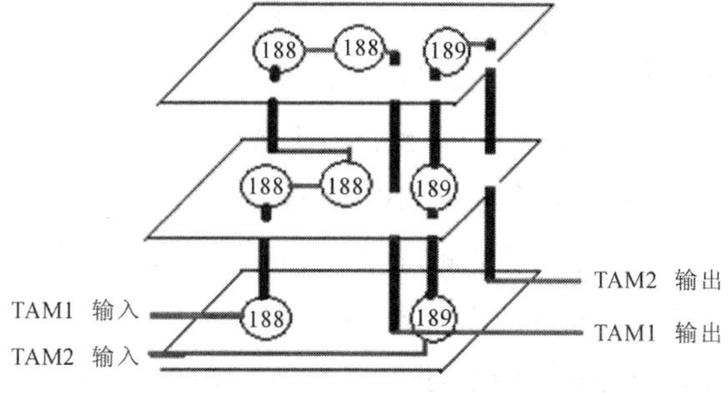

图 4.1　h953 Module 8 设计范例 a(TAM = 2，LAYER = 3)

图 4.2 中，TAM1 所需 TSV 数量为 4，TAM2 所需 TSV 数量为 4，总的所需 TSV 数量为

8，两条 Wrapper 扫描链的长度分别为 753(188＋188＋188＋189) 和 754(188＋188＋189＋189)。因此得到的最长 Wrapper 扫描链为 754。

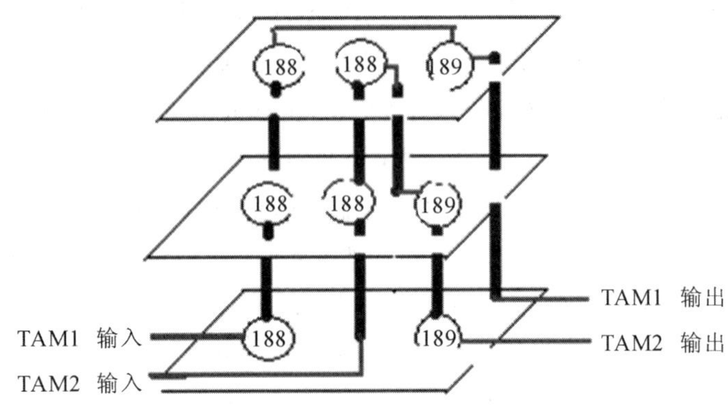

图 4.2　h953 Module 8 设计范例 b(TAM = 2，LAYER = 3)

图 4.1 和图 4.2 虽然所需的 TSV 数目都是 8，但图 4.2 的最长 Wrapper 扫描链更短，因为其平衡性更好，所以其测试时间更短。

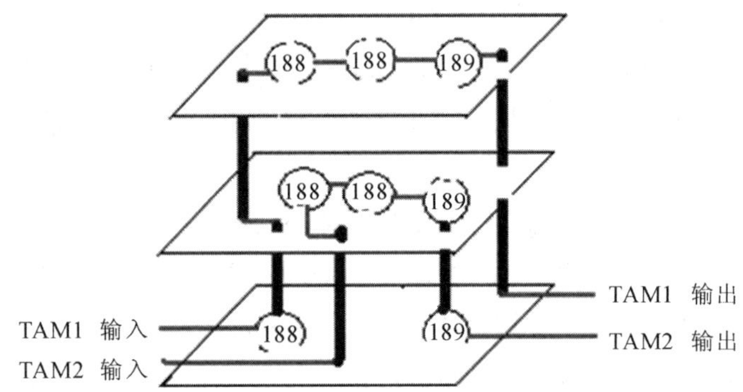

图 4.3　h953 Module 8 设计范例 c(TAM = 2，LAYER = 3)

图 4.3 中，TAM1 所需 TSV 数量为 4，TAM2 所需 TSV 数量为 2，总的所需 TSV 数量为 6，两条 Wrapper 扫描链的长度分别为 753(188＋188＋188＋189) 和 754(188＋188＋189＋189)。因此得到的最长 Wrapper 扫描链为 754(188＋188＋189＋189)。

图 4.3 和图 4.2 虽然最长 Wrapper 扫描链一样长，测试时间相等，但图 4.3 所需的 TSV 数目比图 4.2 的更少，因此可以减少 TSV 测试资源成本。图 4.3 和图 4.1 相比，不仅最长 Wrapper 扫描链更短，而且图 4.3 所需的 TSV 数目比图 4.1 的更少，因此可以同时减少测试时间和 TSV 测试资源成本。通过三维测试 Wrapper 多目标优化设计，同时减少测试时间和减少 TSV 测试资源成本，是本章的出发点。

基于 IP 核复用的 SoC 设计中，IP 核提供商在提供 IP 核的同时，还提供 IP 核的所有内部扫描链相关信息，以便集成开发者使用。三维测试 Wrapper 扫描链设计问题描述：给定一个 IP 核，其有 n 条内部扫描链 Sc_1，Sc_2，…，Sc_n，其相应的长度分别为 $Len(Sc_1)$，

$Len(Sc_2)$，…，$Len(Sc_n)$，n 条内部扫描链分布在 m 层上，其相应的所在层分别为 $Lay(Sc_1)$，$Lay(Sc_2)$，…，$Lay(Sc_n)$，将 n 条内部扫描链分配到 w 条 Wrapper 扫描链 Wra_1，Wra_2，…，Wra_w 中，w 条 Wrapper 扫描链相应的长度分别为 $Len(Wra_1)$，$Len(Wra_2)$，…，$Len(Wra_w)$，使得最长的 Wrapper 扫描链长度 $S(D)=\max_{1\leqslant z\leqslant w}L(D_z)$ 最小和使用的 TSV 数目最少。目前已有的方法都没有对测试时间与使用 TSV 资源使用之间的平衡进行考虑，而广泛应用的整数线性规划方法只适应小规模情况。

4.2　多目标优化基本概念

一个多目标优化问题应具有两个或两个以上的目标函数，可以分为最大化和最小化两种问题。与单目标优化问题类似，它也有任何可行解必须满足的一系列约束。由于最大化问题可以转换成最小化问题，不失一般性，以下只考虑最小化问题，如下：

$$\text{Minimize } f_i(\boldsymbol{x}),\ i=1,2,3,\cdots,k \tag{4-1}$$

其中，f_i，$i\in[1,k]$，表示目标函数；$\boldsymbol{x}=[x_1,x_2,\cdots,x_m]^{\mathrm{T}}\in\theta$，是由 m 个决策变量构成的矢量，θ 是决策变量的可行域，x_i 定义如下：

$$x_i^{\text{lower}}\leqslant x_i\leqslant x_i^{\text{upper}},\ i=1,2,3,\cdots,m \tag{4-2}$$

决策矢量 $\boldsymbol{x}$ 满足如下约束条件：

$$u_j(\boldsymbol{x})\geqslant 0,\ j=1,2,3,\cdots,J \tag{4-3}$$

其中，u_j 为不等式约束函数，v_h 为等式约束函数。

$$v_h(\boldsymbol{x})=0,\ h=1,2,3,\cdots,H \tag{4-4}$$

按上述定义可得目标函数构成的矢量为 $f(\boldsymbol{x})=[f_1(\boldsymbol{x}),f_2(\boldsymbol{x}),f_3(\boldsymbol{x}),\cdots,f_k(\boldsymbol{x})]^{\mathrm{T}}$。

下面给出多目标优化相关的五个概念。

定义 4-1(Pareto 支配)　一个可行解 x_s 支配另一个可行解 x_t，即 $x_s \mathrm{P}\, x_t$，必须同时满足以下两个条件：

(1) 在所有目标函数中，可行解 x_s 不比可行解 x_t 差，即对于任意的整数 i，$i\in[1,k]$，$f_i(x_s)\leqslant f_i(x_t)$；

(2) 在所有目标函数中，至少存在一个目标函数，使得可行解 x_s 严格比可行解 x_t 好，即 $\exists$ 整数 $i\in[1,k]$，$f_i(x_s)<f_i(x_t)$。

定义 4-2(Pareto 最优解)　在可行域中，不存在 $\boldsymbol{x}\in\theta$，$\boldsymbol{x}\mathrm{P}\,x_s$，则 x_s 为 Pareto 最优解。

定义 4-3(Pareto **最优解集)**　对于给定的多目标优化问题，Pareto 最优解集即为 Pareto 最优解的全体集合，定义如下：

$$Y=\{\boldsymbol{x}\in\theta\mid\neg\ \exists\boldsymbol{x}^*\in\theta,\ \boldsymbol{x}^*\mathrm{P}\boldsymbol{x}\} \tag{4-5}$$

定义 4-4(Pareto **前沿)**　对于给定的多目标优化问题和 Pareto 最优解集，Pareto 前沿定义如下：

$$Z = \{(f_1(\boldsymbol{x}), f_2(\boldsymbol{x}), \cdots, f_k(\boldsymbol{x})) \mid \boldsymbol{x} \in Y\} \tag{4-6}$$

定义 4-5 (非支配集) 在一个解决方案集合 A 中，非支配集解集合 $A*$ 是由不受集合 A 中其他解支配的解组成的。

4.3 多目标差分进化算法与理论分析

多目标差分进化(MODE，Multi-Objective Differential Evolution)算法一般从一个初始化的种群开始，通过变异、交叉和选择操作完成当前种群的更新，达到最大迭代数才结束，从而搜到最优解。下面进行详细阐述。

1. 初始种群的获得

进化计算中初始种群是随机获得的，差分进化也不例外。初始种群 $POP_0 = \{X^1, X^2, \cdots, X^k, \cdots, X^{NP}\}$，其中 $\boldsymbol{X}^k = (X_1^k, X_2^k, \cdots, X_p^k, \cdots, X_d^k)$，NP 为种群规模，$d$ 为解空间的维数，$p = 1, 2, \cdots, d$，则

$$X_p^k = X_p^k(\text{low}) + (X_p^k(\text{up}) - X_p^k(\text{low})) \times \text{rand}(0, 1) \tag{4-7}$$

其中，$X_p^k(\text{low})$ 表示第 k 个个体的第 p 个分量的下界，$X_p^k(\text{up})$ 表示第 k 个个体的第 p 个分量的上界，$p = 1, 2, \cdots, d$；$k = 1, 2, \cdots, \text{NP}$；rand(0, 1) 表示产生一个 0 到 1 之间的随机数。

2. 变异操作的实现

在大多数基于群体智能的算法中，一般通过随机获得可行域中的待选解来实现变异；而在差分算法中，却通过差分策略实施变异。在标准的差分策略中，通过随机选取三个不相同的待选解，把其中两个待选解的向量差采取缩放操作后，与第三个待选解进行向量合成，待选解等同于个体，如下：

$$\boldsymbol{V}^i(g+1) = \boldsymbol{X}^{r_1}(g) + F \cdot (\boldsymbol{X}^{r_2}(g) - \boldsymbol{X}^{r_3}(g)),\ r_1 \neq r_2 \neq r_3 \neq i \tag{4-8}$$

该差分策略也称为 DE/rand/1/bin，是目前应用最广的差分策略之一，在保持群体多样性方面有较强的优势。

3. 交叉操作的实现

对于第 g 代种群 $\{\boldsymbol{X}^1(g), \boldsymbol{X}^2(g), \cdots, \boldsymbol{X}^k(g), \cdots, \boldsymbol{X}^{NP}(g)\}$ 和它的变异体 $\boldsymbol{V}^i(g+1)$ 进行交叉重组，具体如下：

$$U_j^k(g+1) = \begin{cases} V_j^k(g+1), & \text{rand}(0, 1) \leqslant \text{CR} \mid\mid j = j_{\text{rand}} \\ X_j^k(g), & \text{其他} \end{cases} \tag{4-9}$$

其中，CR 表示交叉概率，j_{rand} 为 1 到 d 之间产生的随机整数。

4. 选择操作的实现

差分算法通过贪心策略确定下一代种群的待选解，即交叉后的待选解如果 Pareto 支配原来的待选解，则选取交叉后获得的待选解，否则保持原来的待选解不变。

$$\boldsymbol{X}^k(g+1)=\begin{cases}U^k(g+1), & U^k(g+1)\text{Pareto 支配 }\boldsymbol{X}^k(g+1)\\ \boldsymbol{X}^k(g), & \text{其他}\end{cases} \tag{4-10}$$

多目标差分进化算法是一种随机优化方法，它与单目标的差分算法有相同的操作，即变异、交叉和选择。采用随机过程可以描述上述三个基本操作。

令 $\mathbf{R}$ 为实数域，d 为个体的维数，则个体的搜索空间可以采用 $T=\mathbf{R}^d$，而种群的搜索空间则为 $T^{\text{popsize}}=\mathbf{R}^{\text{popsize}\times d}$，其中 popsize 为种群规模，$f_i:T\to\mathbf{R}^+$ 为目标函数，目标函数的个数 $i=1,\cdots,k$，则三个操作的马尔科夫链模型可以表示如下[126]。

定义 4-6(变异操作)　多目标差分进化算法的标准变异方法是从父代种群中随机选取三个不同的待选解，将其中两者的差分矢量进行缩放，然后与第三者进行综合，产生变异种群个体，它可以表示为一个随机映射：

$$S_l:T^{\text{popsize}}\to T \tag{4-11}$$

计算该概率分布如下：

$$\begin{aligned}&P(S_l(\boldsymbol{X})=v_i)\\&=\sum_{x_{r_1},x_{r_2},x_{r_3}\in T^3}P(S_l^1(\boldsymbol{X})=\{x_{r_1},x_{r_2},x_{r_3}\})\cdot P(S_l^2(x_{r_1},x_{r_2},x_{r_3})=v_i)\end{aligned} \tag{4-12}$$

定义 4-7(交叉操作)　多目标差分进化算法的交叉操作是从父代种群的个体 x_i 和变异体种群的个体 v_i 进行交叉，产生子代种群的个体 u_i，它也可以表示为一个随机映射：

$$S_c:T^2\to T \tag{4-13}$$

计算该概率分布如下：

$$P(S_c(x_i,v_i)=u_i)=\begin{cases}0, & u_i=x_i\\ \mathrm{CR}^d, & u_i=v_i\\ m\cdot \mathrm{C}_d^k\cdot \mathrm{CR}^k(1-\mathrm{CR})^{d-k}, & \text{其他}\end{cases} \tag{4-14}$$

其中，d 为待选解的维数；m 为实施交叉后获得新待选解的个数；k 为实施交叉的元素个数，$k\in[1,d]$。

定义 4-8(选择操作)　多目标差分算法的选择是在父代种群的待选解 x_i 和子代种群的待选解 u_i 两者之间进行筛选，筛选适应度更强的待选解，组成下一代父代种群的待选解，可以表示为

$$S_{\text{sel}}:T^2\to T \tag{4-15}$$

这种选择机制也称为贪心选择，即在种群更新的时候，总是选择适应度更强的作为下一代的个体，父代种群更新时接受子代种群的个体的概率为

$$P(S_{\text{sel}}(x_i,u_i)=u_i)=\begin{cases}1, & u_i\ \text{Pareto 支配 }x_i\\ 0, & \text{其他}\end{cases} \tag{4-16}$$

命题 4-1　多目标差分进化算法的种群序列 $\{\boldsymbol{X}_n,n=0,1,2,\cdots\}(\boldsymbol{X}_n\in T^{\text{popsize}})$ 是马尔科夫链。

证明　根据上述定义，得

$$\boldsymbol{X}_{n+1} = Q(\boldsymbol{X}_n) = S_l \circ S_c \circ S_{\text{sel}}(\boldsymbol{X}_n)$$

因为上式中S_l、S_c和S_{sel}都与n无关，也就是说$\boldsymbol{X}_{n+1}$仅与$\boldsymbol{X}_n$有关，即种群序列$\{\boldsymbol{X}_n, n=0, 1, 2, \cdots\}(\boldsymbol{X}_n \in T^{\text{popsize}})$为马尔科夫链。

命题 4-2 多目标差分进化算法的种群序列演化的方向是单增的，即$\boldsymbol{X}_{n+1}$ Pareto 支配$\boldsymbol{X}_n$，$n=0, 1, 2, \cdots$。

证明：由定义 4-8 和式(4-16)可知，多目标差分进化的选择操作是贪心算子，总选择更优秀的个体，进入到下一代种群，即$\boldsymbol{X}_{n+1}$ Pareto 支配$\boldsymbol{X}_n$，$n=0, 1, 2, \cdots$。

命题 4-3 多目标差分进化算法的种群序列$\{\boldsymbol{X}_n, n=0, 1, 2, \cdots\}(\boldsymbol{X}_n \in T^{\text{popsize}})$是齐次马尔科夫链。

证明 由命题 4-1 知，多目标差分进化算法的种群序列$\{\boldsymbol{X}_n, n=0, 1, 2, \cdots\}(\boldsymbol{X}_n \in T^{\text{popsize}})$是马尔科夫链，计算其转移概率如下：

$$\begin{aligned} P(Q(\boldsymbol{X}_n)_i = x_{n+1,i}) &= \sum_{v_i \in T}\sum_{u_i \in T}\sum_{x_{r_1}, x_{r_2}, x_{r_3} \in T^3} P(S_l^{\ 1}(\boldsymbol{X}_n) \\ &= \{x_{r_1}, x_{r_2}, x_{r_3}\}) \cdot P(S_c(x_{n,i}, v_i) = u_i) \cdot \\ &\quad P(S_{\text{sel}}(x_i, u_i) = x_{n+1,i}) \end{aligned}$$

对于任意的一个种群$\boldsymbol{X}_n$，即$\forall\ \boldsymbol{X}_n \in T^{\text{popsize}}$，$\exists \{x_{r_1}, x_{r_2}, x_{r_3}\} \in T^{\text{popsize}}$和$\exists u_i, v_i \in T^{\text{popsize}}$，从而使得

$$P(S_l^1(X) = \{x_{r_1}, x_{r_2}, x_{r_3}\}) > 0$$

$$P(S_l^2(x_{r_1}, x_{r_2}, x_{r_3}) = v_i > 0$$

$$P(S_c(x_{n,i}, v_i) = u_i) > 0$$

$$P(S_{\text{sel}}(x_{n,i}, u_i) = x_{n+1,i}) > 0$$

所以$P(Q(\boldsymbol{X}_n)_i = x_{n+1,i}) > 0$，且与$n$没有关系，从而可以得到转移概率：

$$P(Q(\boldsymbol{X}_n) = \boldsymbol{X}_{n+1}) = \prod_{i=1}^{\text{popsize}} P(Q(\boldsymbol{X}_n)_i = x_{n+1,i}) > 0$$

因此，多目标差分进化的种群序列$\{\boldsymbol{X}_n, n=0, 1, 2, \cdots\}(\boldsymbol{X}_n \in T^{\text{popsize}})$是$T^{\text{popsize}}$上齐次马尔科夫链。

多目标差分进化种群序列的转移概率可以改写为

$$P(\boldsymbol{X}_{n+1} = \boldsymbol{Y} \mid \boldsymbol{X}_n = \boldsymbol{X})$$

也可以简写为$P(\boldsymbol{Y} \mid \boldsymbol{X})$。

命题 4-4 多目标差分进化的种群序列$\{\boldsymbol{X}_n, n=0, 1, 2, \cdots\}(\boldsymbol{X}_n \in T^{\text{popsize}})$按照概率为 1 收敛到目标空间满意种群集$M$的子集$M_0$，也就是

$$\lim_{n\to\infty} P(\boldsymbol{X}_n \in M_0 \mid \boldsymbol{X}_0) = 1 \tag{4-17}$$

证明 假设存在$\boldsymbol{x}^*$为多目标函数的唯一 Pareto 最优解集，$\boldsymbol{x}^* \in M_0$，则由式(4-12)

和式(4－14)，可得

(1) 如果已知种群 $\boldsymbol{X}$ 和 $\boldsymbol{Y}$，$\boldsymbol{X} \in M_0$ 且 $\boldsymbol{Y} \in M_0$，根据吸引马尔科夫链的定义，可知种群序列 $\{\boldsymbol{X}_n, n=0, 1, 2, \cdots\}(\boldsymbol{X}_n \in T^{\text{popsize}})$ 是个吸引马尔科夫链，即 $P(\boldsymbol{Y} \mid \boldsymbol{X})=1$ 且 $P(\boldsymbol{X} \mid \boldsymbol{Y})=1$，所有两个种群是相通的，可以互相到达。

(2) 如果 $\boldsymbol{X} \in M_0$ 且 $\boldsymbol{Y} \notin M_0$，$P(\boldsymbol{Y} \mid \boldsymbol{X})=0$，种群 $\boldsymbol{X}$ 无法到达种群 $\boldsymbol{Y}$，则由于 M_0 为正常返的非周期不可约闭集[126]，必然存在

$$\lim_{n\to\infty} P(\boldsymbol{X}_n=\boldsymbol{Y} \mid \boldsymbol{X}_0)=\begin{cases}\pi(\boldsymbol{Y}), & \boldsymbol{Y} \in M_0 \\ 0, & \boldsymbol{Y} \notin M_0\end{cases}$$

即 $\boldsymbol{X}_n$ 必然会到达满意目标种群的子集 M_0，因此

$$\lim_{n\to\infty} P(\boldsymbol{X}_n \in M_0 \mid \boldsymbol{X}_0)=1$$

4.4　多目标 Firefly 算法与理论分析

4.4.1　单目标 Firefly 算法

2009 年，X. S. Yang 模拟自然界 2000 多种萤火虫的发光特性，提出了单目标 Firefly 算法(SOFA，Single-Objective Firefly Algorithm)算法[135]。该算法提出了三个理想化假设：

(1) 所有的萤火虫都是无性的，它们之间的相互吸引完全取决于相互的荧光强度；

(2) 它们之间的相互吸引力与各种荧光强度成正比，也就是说任意两只萤火虫，荧光强度弱的会朝着荧光强度强的移动，吸引力随着它们之间的距离增大反而减小；

(3) 在单目标优化当中，萤火虫的荧光强度取决于目标函数。

进行最大化问题优化时，目标函数值越大，荧光强度越大；进行最小化问题优化时，目标函数值越小，荧光强度越大。该方法已经得到广泛的应用[136-139]。由于本章解决的问题，属于最小化问题，因此以下只考虑最小化问题。

在单目标 FA 算法中，单只萤火虫 i 相对另外一只萤火虫 j 的吸引力大小定义为 beta，公式如下：

$$\text{beta}=\text{beta}_0 * \mathrm{e}^{-\text{gamma} * r_{ij}^2} \tag{4-18}$$

其中，beta_0 为最大吸引力，当且仅当 $r_{ij}=0$ 时；gamma 为荧光强度吸收系数；r_{ij} 为萤火虫 i 到萤火虫 j 之间的笛卡尔距离。式(4-18)表示萤火虫 i 相对于另外一只萤火虫 j 的吸引力与它们之间距离的平方呈指数关系。r_{ij} 的定义如下：

$$r_{ij}=\| x_i-x_j \|=\sqrt{\sum_{u=1}^{d}(x_{iu}-x_{ju})^2} \tag{4-19}$$

其中，x_i 表示萤火虫 i 在 d 维空间中的位置，x_j 表示萤火虫 j 在 d 维空间中的位置，d 表示优化问题的决策变量个数，也就是决策空间的维数。

当萤火虫j的荧光强度比萤火虫i的荧光强度强的时候，萤火虫i向萤火虫j移动(萤火虫j吸引萤火虫i)。萤火虫i在d维空间中的位置更新公式如下：

$$x_i^u = x_i^u + \mathrm{beta}_0 * \mathrm{e}^{-\mathrm{gamma} * r_{ij}^2} * (x_j^u - x_i^u) + \mathrm{alpha} * \left(\mathrm{rand}(0,\ 1) - \frac{1}{2}\right) \tag{4-20}$$

其中，beta_0为当且仅当$r_{ij}=0$时的最大吸引力；gamma为荧光强度吸收系数，rand(0，1)为0到1之间的随机数，alpha为随机扰动的缩放因子，$u=1, 2, 3, \cdots, d$。

4.4.2　多目标Firefly算法与分析

多目标Firefly算法(MOFA，Multi-Objective Firefly Algorithm)仍然需要三个理想化假设：

(1) 所有的萤火虫都是无性的，它们之间的相互吸引完全取决于相互的荧光强度；

(2) 它们之间的相互吸引力与各种的荧光强度成正比，也就是说任意两只萤火虫，荧光强度弱的会朝着荧光强度强的移动，吸引力随着它们之间的距离增大反而减小；

(3) 在多目标优化当中，萤火虫的荧光强度取决于多目标函数值。

当萤火虫i比萤火虫j荧光强度大时，表示萤火虫i Pareto支配萤火虫j。

算法4.1　MOFA算法

```
设置算法的参数，包括 gamma 和 beta_0
采用均匀分布获得初始种群
获得 m 只萤火虫的目标函数值
光强 I_i 用函数 F 来表示，i = 1, 2, 3, …, m
设置初始代数 g = 0;
当前代数小于最大迭代次数时，一直执行下列循环：
        g = g + 1;
        for i = 1:m
            for j = 1:m
                if 萤火虫 j 支配 萤火虫 i
                    用式(4-20)更新萤火虫 i
                else
                    保持萤火虫 i 的位置不变 ;
                end if
            end for
        end for
end while
非支配排序 m 只萤火虫
返回 Pareto 非支配集合
```

定义 4-9　MOFA 的位置更新操作采用以下映射函数表示：

$$\boldsymbol{X}_{n+1} = A(\boldsymbol{X}_n,\ \boldsymbol{p},\ \boldsymbol{\varepsilon}) \tag{4-21}$$

其中，$\boldsymbol{X}_n$ 表示当前种群；$\boldsymbol{X}_{n+1}$ 表示下一代种群；$\boldsymbol{p}$ 为参数矢量，$\boldsymbol{p}=(p_1,\ p_2,\ \cdots)$；$\boldsymbol{\varepsilon}$ 为随机矢量，$\boldsymbol{\varepsilon}=(\varepsilon_1,\ \varepsilon_2,\ \cdots)$。

命题 4-5　MOFA 的种群序列$\{\boldsymbol{X}_n,\ n=0,\ 1,\ 2,\ \cdots\}(\boldsymbol{X}_n \in \boldsymbol{R}^{\text{popsize}\times d})$是吸引马尔科夫链，其中 d 为解空间的维数，popsize 为种群规模。

证明　一个种群序列为吸引马尔科夫链的充分必要条件为

$$P(\boldsymbol{X}_{n+1} \in B_0^* \mid \boldsymbol{X}_n \in B_0^*) = 1,\ \forall n \in \{0,\ 1,\ 2,\ \cdots\}$$

(1) 证明充分性。

如果 $P(\boldsymbol{X}_{n+1} \in B_0^* \mid \boldsymbol{X}_n \in B_0^*) = 1,\ \forall n \in \{0,\ 1,\ 2,\ \cdots\}$ 成立，表示如果时刻 n 的种群 $\boldsymbol{X}_n$ 属于满意目标种群的子空间 B_0^*，则时刻 $n+1$ 的种群 $\boldsymbol{X}_{n+1}$必然以百分之百概率属于满意目标种群的子空间 B_0^*，故种群序列 $\{\boldsymbol{X}_n,\ n=0,\ 1,\ 2,\ \cdots\}(\boldsymbol{X}_n \in \boldsymbol{R}^{\text{popsize}\times d})$ 是吸引马尔科夫链。

(2) 证明必要性。

MOFA 算法中种群序列$\{\boldsymbol{X}_n,\ n=0,\ 1,\ 2,\ \cdots\}(\boldsymbol{X}_n \in \boldsymbol{R}^{\text{popsize}\times d})$在种群迭代中采用的策略是：当前代个体如果不被种群中其他个体 Pareto 支配，则保存到下一代。如果 n 时刻种群含有 Pareto 最优解集 $\boldsymbol{x}^*$，即该种群为最优种群，则该最优种群处于目标子空间，即 $\boldsymbol{X}_n \in B_0^*$，那么该最优解集 $\boldsymbol{x}^*$ 将会保存到 $n+1$ 时刻，即 $n+1$ 时刻的种群 $\boldsymbol{X}_{n+1}$ 必然包含了 Pareto 最优解集 $\boldsymbol{x}^*$，$\boldsymbol{X}_{n+1} \in B_0^*$，因此 $P(\boldsymbol{X}_{n+1} \in B_0^* \mid \boldsymbol{X}_n \in B_0^*) = 1,\ \forall n \in \{0,\ 1,\ 2,\ \cdots\}$。

命题 4-6　MOFA 算法的种群序列$\{\boldsymbol{X}_n,\ n=0,\ 1,\ 2,\ \cdots\}(\boldsymbol{X}_n \in \boldsymbol{R}^{\text{popsize}\times d})$按照概率为 1 收敛到目标空间满意种群集的子集 B_0^*，即

$$\lim_{n\to\infty} P(\boldsymbol{X}_n \wedge B_0^* \neq \phi) = 1 \tag{4-22}$$

证明　假设 $\boldsymbol{x}^*$ 为多目标函数的唯一 Pareto 最优解集。

若 $\boldsymbol{x}^* \in \boldsymbol{X}_0$，因为 MOFA 算法的种群系列是吸引马尔科夫链，则 $\boldsymbol{x}^* \in \boldsymbol{X}_n$，$n=1,\ 2,\ 3,\ \cdots$；因此 $\lim\limits_{n\to\infty} P(\boldsymbol{X}_n \wedge B_0^* \neq \phi) = 1$ 成立。

若 $\boldsymbol{x}^* \notin \boldsymbol{X}_0$，$\exists n_1 > 0$，$\boldsymbol{x}^* \in \boldsymbol{X}_{n_1}$，$\exists n_2 > 0$，$\boldsymbol{x}^* \in \boldsymbol{X}_{n_2}$，则$\boldsymbol{X}_{n_1} \in B_0^*$，$\boldsymbol{X}_{n_2} \in B_0^*$；因此 $P(\boldsymbol{X}_{n_1},\ \boldsymbol{X}_{n_2}) > 0$，$P(\boldsymbol{X}_{n_2},\ \boldsymbol{X}_{n_1}) > 0$，即$\boldsymbol{X}_{n_1} \leftrightarrow \boldsymbol{X}_{n_2}$。

若 $\boldsymbol{x}^* \notin \xi_0$，$\exists n_1 > 0$，$\boldsymbol{x}^* \in \boldsymbol{X}_{n_1}$，$\exists n_2 > 0$，$\boldsymbol{x}^* \notin \boldsymbol{X}_{n_2}$，则 $P(\boldsymbol{X}_{n_1},\ \boldsymbol{X}_{n_2}) = 0$，即 $\boldsymbol{X}_{n_1}\ ! \rightarrow \boldsymbol{X}_{n_2}$。因为 B_0^* 为正常返的不可约闭集，且为非周期的[126]，所以存在 $\pi(Y)$（$\pi(Y)$ 为某一极限概率分布），使得$\boldsymbol{X}_n$与目标空间满意种群集的子集 B_0^* 交集必然不为空，因此

$$\lim_{n\to\infty} P(\boldsymbol{X}_n \wedge B_0^* \neq \phi) = 1$$

4.5 三维 Wrapper 扫描链多目标优化方法研究

4.5.1 基于 MODE 的三维 Wrapper 扫描链设计

MODE 种群中的每一个个体定义为一个可行解，即 $\boldsymbol{X}^i = (X_1^i, X_2^i, \cdots, X_d^i)$，其中 $i = 1, 2, \cdots, \mathrm{NP}$，$d$ 为解空间的维数，NP 为群体规模。如果 IP 核有 n 条内部扫描链；则解空间的维数 d 等于 n，任意 X_j^i 的取值范围为 1 到 w 的整数，其中 $j = 1, 2, \cdots, d$，w 为 Wrapper 扫描链的条数。

确定 ObjectivF_1（目标函数 1），使得 Wrapper 扫描链中的最长扫描链最短，从而减少测试时间，表达式为

$$\mathrm{Objectiv}F_1(X^k) = \sum_{i=1}^{w} L(P_i) - \frac{1}{n}\sum_{j=1}^{n}(L(S_j))^2 \tag{4-23}$$

其中，$L(P_i)$ 表示第 i 条 Wrapper 扫描链的长度，$L(S_j)$ 表示第 j 条内部扫描链的长度，$k \in [1, \mathrm{NP}]$。目标函数 1 的值越小，表示适应度越大，该待选可行解越好。

确定 ObjectiveF_2（目标函数 2），使得总的使用 TSV 数量最少，表达式为

$$\mathrm{Objectiv}F_2(X^k) = \sum_{i=1}^{w} N_{\mathrm{TSV}_i} \tag{4-24}$$

其中，N_{TSV_i} 表示第 i 条 Wrapper 扫描链使用 TSV 的数目，$k \in [1, \mathrm{NP}]$，$i \in [1, w]$。N_{TSV_i} 的计算式如下：

$$N_{\mathrm{TSV}_i} = 2 \times \underset{1 \leqslant j \leqslant x}{\mathrm{Max}}(\mathrm{Lay}_{ij}) \tag{4-25}$$

其中，Lay_{ij} 为第 i 条 Wrapper 扫描链中第 j 条内部扫描链所在的层数，x 表示第 i 条 Wrapper 扫描中内部扫描链的条数。Wrapper 扫描链的起始处都是最底层，假设最底层的所在层为第 0 层。

基于 MODE 的三维 Wrapper 扫描链设计算法描述：

（1）根据 IP 核的内部扫描链条数 n 确定解空间的维数 d，根据需要设计的 Wrapper 扫描链的条数确定 w 的值，设置缩放因子 F 的值，设置交叉概率 Pc 的值，设置种群规模 NP 的值，设置最大迭代代数 MaxG 的值。

（2）在可行域内随机确定一种群规模为 NP 的父初始种群，利用式(4-23)和式(4-24)确定初始种群中每一个待选解的目标函数值。

（3）利用式(4-8)产生变异体种群，其种群规模为 NP。

（4）对变异体种群中每一个个体的每一个基因进行边界检测，如果小于 1 则将其值修改为 1，如果大于 w 则将其值修改为 w。

（5）对 NP 个个体的每一个基因，产生随机数 rand(0, 1)，如果 rand(0, 1) 大于交叉概

率 Pc，则子种群当前个体的该基因值选取父种群相应个体对应的基因值，否则子种群当前个体的该基因值应选取变异种群相应个体对应的基因值。

(6) 根据式(4-23) 和式(4-24) 计算子种群 NP 个个体的目标函数值。

(7) 对 NP 个父种群的个体，如果子种群的当前个体 Pareto 支配父种群相应个体，则用子种群的当前个体代替父种群相应个体，否则保持不变。

(8) 由(7) 得到新一代的种群，即父种群，即根据式(4-23) 和式(4-24) 计算父种群 NP 个个体的目标函数值。

(9) 迭代代数到达 MaxG 否，没有达到则转(3)。

(10) 将父种群 NP 个个体按照成本函数值非支配排序，得到 Pareto 最优解集。

4.5.2　基于 MOFA 的三维 Wrapper 扫描链设计

$\forall \boldsymbol{H}_k \in L^d$，$k \in [1, \mathrm{NP}]$，NP 为萤火虫群体规模，$d$ 为解空间的维数，$\boldsymbol{H}_k$ 为萤火虫 k 在 d 维空间的位置，$\boldsymbol{H}_k = (L_1, L_2, \cdots, L_d)$ 为待解问题的一个可行解，表示三维 Wrapper 扫描链设计的一个方案。

对于位置变量 L，$\forall L_i$，$i \in [1, d]$，$L_i \in \mathbf{Z}$，$\mathbf{Z}$ 为整数集合。定义 $\mathbf{Z} = \{1, 2, \cdots, w\}$，其中 w 为 Wrapper 扫描链的条数。

萤火虫的亮度与其所在 d 维空间的位置有关，而且取决于其多个目标函数，本节设计了目标函数 1 和目标函数 2 获得每个个体 $\boldsymbol{H}_k$ 的亮度，$k \in [1, \mathrm{NP}]$。

确定 $\mathrm{ObjectivFunc}_1$（目标函数 1），使得 Wrapper 扫描链中的最长扫描链最短，从而减少测试时间，表达式为

$$\mathrm{ObjectivFunc}_1(H_k) = \sum_{i=1}^{w}\left(L(P_i) - \frac{1}{n}\sum_{j=1}^{n} L(S_j)\right)^2 \tag{4-26}$$

其中，$L(P_i)$ 表示第 i 条 Wrapper 扫描链的长度，$L(S_j)$ 表示第 j 条内部扫描链的长度，$k \in [1, \mathrm{NP}]$。目标函数 1 的值越小，表示适应度越大，该待选可行解越好。

确定 $\mathrm{ObjectivFunc}_2$（目标函数 2），使得总的使用 TSV 数量最少，表达式为

$$\mathrm{ObjectivFunc}_2(H_k) = \sum_{i=1}^{w} N_{\mathrm{TSV}_i} \tag{4-27}$$

其中，N_{TSV_i} 表示第 i 条 Wrapper 扫描链使用 TSV 的数目，$k \in [1, \mathrm{NP}]$，$i \in [1, w]$。N_{TSV_i} 的计算式如下：

$$N_{\mathrm{TSV}_i} = 2 \times \underset{1 \leqslant j \leqslant x}{\mathrm{Max}}(\mathrm{Lay}_{ij}) \tag{4-28}$$

其中，Lay_{ij} 为第 i 条 Wrapper 扫描链中第 j 条内部扫描链所在的层数，x 表示第 i 条 Wrapper 扫描链中内部扫描链的条数。Wrapper 扫描链的起始处都是最底层，假设最底层的所在层为第 0 层。

在 MOFA 算法中，亮度比较策略为：当萤火虫 j 的荧光强度比萤火虫 i 的荧光强度强，

即当萤火虫 j Pareto 支配萤火虫 i 时，应满足以下两个条件：

(1) $\text{ObjectivFunc}_1(H_j) \leqslant \text{ObjectivFunc}_1(H_i)$ 且 $\text{ObjectivFunc}_2(H_j) \leqslant \text{ObjectivFunc}_2(H_i)$；

(2) $\text{ObjectivFunc}_1(H_j) < \text{ObjectivFunc}_1(H_i)$ 或 $\text{ObjectivFunc}_2(H_j) < \text{ObjectivFunc}_2(H_i)$，

则萤火虫 i 向萤火虫 j 移动（萤火虫 j 吸引萤火虫 i），萤火虫 i 在 d 维空间中的位置更新由式(4-20)得出。

由于本节研究的是内部扫描链的分配组合问题，内部扫描链的数目及各个扫描链长度以及各个内部扫描链所处的层均为离散的整数值，因此比较适合采取整数向量的编码方案。

本节的三维 Wrapper 扫描链设计算法描述如下：

(1) 根据 IP 核内部扫描链的条数设定解空间的维数 d，根据 Wrapper 扫描链的条数设定 w，设定群体规模 NP，设定最大迭代次数 MaxG，随机生成 IP 核各个内部扫描链所处的层数，设定缩放因子 alpha，设定最大吸引力 beta_0，设定荧光强度吸收系数 gamma。

(2) 随机生成 NP 只萤火虫的位置（$F(i, :) = \text{round}(L_b + (U_b - L_b) * \text{rand}(1, d))$，$i = 1, 2, \cdots, \text{NP}$，$U_b = w$，$L_b = 1$，其中 round() 取最接近的整数函数）。

(3) 根据目标函数 1 的表达式(4-26)和目标函数 2 的表达式(4-27)计算初始种群中每只萤火虫的亮度，即各个目标函数值。

(4) 对初始种群进行非支配排序。

(5) 根据式(4-18)计算萤火虫 i 和萤火虫 j 之间的距离，$i = 1, 2, \cdots, \text{NP}$，$j = 1, 2, \cdots, \text{NP}$。

(6) 如果萤火虫 i 被萤火虫 j Pareto 支配，则萤火虫 i 飞向萤火虫 j，用式(4-20)更新萤火虫 i 的位置，然后用 round() 函数取整。

(7) 检查所有萤火虫的新位置，如果为不可行解，则在可行域内随机生成其新的位置。

(8) 更新所有萤火虫的亮度，即根据目标函数 1 的表达式(4-26)和目标函数 2 的表达式(4-27)计算各个目标函数值。

(9) 对所有的萤火虫进行非支配排序。

(10) 进化代数是否达到最大迭代次数 MaxG，未达到则跳转到(5)，如果达到则输出 Pareto 最优解集。

算法的时间复杂度分析如下：

设 IP 核的内部扫描链为 n 条，存在 m 个目标函数和 y 个约束条件，要求萤火虫的每一维位置处于 1 到 w，每只萤火虫的位置维数为 n，即 y 等于 n，选取种群规模为 NP。由于在 MOFA 算法中，每一代萤火虫的进化都需要进行非支配排序，因此非支配排序的时间复杂度决定了 MOFA 算法的时间复杂度。在非支配排序过程中，需要对萤火虫的位置对应的解

进行两两比较；如果该解处在不可行域内，则只需要进行 y 次约束条件的比较即可；如果该解处在可行域内，则还要对 m 个目标函数值的优劣进行 m 次的比较。因此在最坏的情况下，种群中 NP 只萤火虫需要比较的次数为 $(y+m)(\text{NP}-1)\text{NP}$，因此在 y 个多目标约束条件下，非支配排序的时间复杂度为 $O((y+m)\cdot \text{NP}^2)$。在种群进行迭代时，迭代的最大次数为 MaxG，因此最坏的情况下要调用 MaxG 次，因此 MOFA 算法的时间复杂度为 $O((y+m)\cdot (\text{MaxG})\cdot \text{NP}^2)$。由于 y 等于 n，m 等于 2，所以最终的时间复杂度为 $O(n\cdot \text{MaxG}\cdot \text{NP}^2)$。

4.6　实验结果与分析

为了验证提出的 MOFA 算法的有效性，从 ITC'02 benchmarks[111] 中选取了典型 SoC 的 2 个 IP 核：p22810 IP 核 Module 5 和 p34392 IP 核 Module 2。

MOFA 算法程序采用 MATLAB 语言编写，设定的最大迭代次数为 500，每一代的群体规模为 50，每一个个体的染色体个数(解空间的维数 d)由 IP 核 Module 内部扫描链条数决定，根据 Wrapper 扫描链的条数设定 w；设定缩放因子 alpha 为 0.5，设定最大吸引力 beta_0 为 0.2，设定荧光强度吸收系数 gamma 为 1。由于 ITC'02 benchmarks 中不包含内部扫描链所处的层信息，因此假设已知 IP 核各个内部扫描链在三层上的分布，最底层为第 0 层，依次往上递增。因为测试引脚分布在第 0 层，因此每条 Wrapper 扫描链的起始处和结束处都在第 0 层。

为了比较提出的 MOFA 算法与经典多目标算法的优劣，本章引入覆盖率 SC(Set Coverage)[140] 指标。

定义 4-10　假如有非支配解集 $A=\{a_1, a_2, \cdots, a_n\}$ 和非支配解集 $B=\{b_1, b_2, \cdots, b_m\}$，SC($A$, B) 定义为 B 中非支配解被 A 中非支配解覆盖的个数占 B 中的比例，计算方法如下：

$$\text{SC}(A, B)=\frac{|\{b_i\in B; \exists a_i\in A:(a_i P b_i)\vee (a_i=b_i)\}|}{|B|} \tag{4-29}$$

其中，$|\times|$ 运算表示获得 $\times$ 集合中元素的个数。定义 4-10 可以理解为：B 中某个元素，如果在 A 中能够找到 Pareto 支配该元素或者等于该元素的元素，则把 B 中满足该条件的元素个数除以 B 中元素的个数就得到集合覆盖率 SC。SC(A, B) 值越大，表示 B 中元素被 A 覆盖的比例越高，说明解集 A 好于解集 B 的程度越高。当 $\text{SC}(A, B)=1\wedge \text{SC}(B, A)=0$ 时，解集 A 好于解集 B 的程度达到极限。特例：当 $\text{SC}(A, B)=\text{SC}(B, A)=1$ 时，表示两个解集互相完全覆盖，即 $A=B$。

当 $\text{SC}(A, B)>\text{SC}(B, A)$ 时，表示 B 中被 A 覆盖的比例要大于 A 中被 B 覆盖的比例，也就是说 A 中的非支配解集要优于 B 中的非支配解集。

表 4.1 的实验对象为 p22810 IP 核 Module 5，其信息为：Module 5 Level 1 Inputs 90 Outputs 112 Bidirs 32 ScanChains 29 ：214 106 106 105 105 103 102 101 101 101 100 93 92 84 84 75 75 73 73 73 73 27 27 27 27 27 27 27 27。有 29 条内部扫描链，最大值(长度）为 214，最小值(长度）为 27，最大值与最小值相差 187，属于"不均衡"的 IP 核。

表 4.1 p22810 IP 核 Module 5 实验结果，$w=3$

算法	Pareto 最优解	Pareto 前沿	
		L	N_{TSY}
MOFA	(2，3，3，3，2，3，3，1，1，1，1，2，1，1，2，2，3，1，2，1，3，2，2，3，3，2，3，1，2)	752	12
	(3，3，1，3，1，2，3，2，1，3，1，2，3，1，1，1，2，1，2，2，2，2，2，2，1，2，3，2，2)	755	10
	(2，2，1，3，1，2，1，1，1，1，1，1，3，2，1，3，2，2，3，2，2，2，2，1，2，2，2，2，2)	990	8
MODE	(1，1，2，3，2，2，3，3，2，2，1，1，1，3，3，3，1，3，1，3，2，3，2，3，2，2，2，2，2)	753	12
	(1，3，2，3，2，3，1，3，3，2，1，2，1，2，2，1，3，3，1，1，2，2，3，3，2，2，1，2，3)	756	10
	(1，3，2，2，3，2，1，3，2，3，2，3，1，3，2，1，2，3，1，3，2，3，1，2，3，2，3，2，1)	828	8
NSGAⅡ	(2，1，3，1，3，1，3，2，1，3，3，2，3，2，2，3，1，3，2，2，1，2，1，2，2，1，3，1，1)	803	12
	(3，1，2，1，3，3，2，1，2，2，1，2，1，1，2，2，3，3，1，3，3，3，2，2，2，2，3，2，2)	824	10
	(3，2，2，3，2，2，1，1，1，1，1，2，3，2，1，3，1，2，2，2，2，1，2，2，2，3，2，2，1)	1024	8

当 Wrapper 扫描链的条数 w 为 3 时，对 p22810 IP 核 Module 5 进行实验验证，得到实验结果如表 4.1 所示。表 4.1 当中，第一列为所采用的多目标 Firefly 算法，为了验证 MOFA 算法的有效性，分别用两种算法与 MOFA 算法进行了实验对比。第一种算法为 MODE，第二种算法为非支配排序遗传(NSGAⅡ，Nondominated Sorting Genetic Algorithm Ⅱ)[141]。第二列为各种算法获得的 Pareto 最优解。第三列和第四列为各种算法获得的 Pareto 前沿。其中，第三列为最长 Wrapper 扫描链的长度，第四列为使用 TSV 的总数。MODE 算法使用的参数为：最大迭代次数为 500，每一代的群体规模为 50，缩放因子为 0.5，交叉概率为 0.2。NSGAⅡ 算法使用的参数为：最大迭代次数为 500，每一代的群体规模为 50，子代的

交叉概率为 0.9。为了便于对比，在所有的算法中，使得相同内部扫描链所处的层均相同，以下实验参数都采用相同的设置。由表 4.1 实验结果可得，每种算法获得的非支配解集都有三个。利用 SC 对表 4.1 各个解集的优劣进行对比，计算表 4.1 中的 SC(MOFA，NSGA Ⅱ) = 1，表明 NSGA Ⅱ 算法获得的解集完全被 MOFA 算法获得的解集覆盖；计算得表 4.1 中的 SC(NSGA Ⅱ，MOFA) = 0，表明 NSGA Ⅱ 算法获得的解集中没有任何解能够 Pareto 支配 MOFA 算法获得的解，也就是说 MOFA 算法产生的解集优于 NSGA Ⅱ 算法的。同理可得 SC(MOFA，MODE) = 67%，SC(MODE，MOFA) = 33%，表明 MOFA 算法产生的解集优于 MODE 算法的。

表 4.2 的实验对象为 p34392 IP 核 Module 2，其信息为：Module 2 Level 1 Inputs 165 Outputs 263 Bidirs 0 ScanChains 29 ：570 569 569 567 567 567 567 567 567 567 567 567 567 566 566 44 44 44 44 38 32 16 16 16 16 11 9 8 8。它也是一个非常"不均衡"的 IP 核，最大值为 570，最小值为 8，最大值和最小值的差值高达 562。

表 4.2　p34392 IP 核 Module 2 实验结果，$w = 3$

算法	Pareto 最优解	Pareto 前沿	
		L	N_{STV}
MOFA	(2，3，3，3，1，2，3，1，1，3，1，1，2，2，2，2，1，3，3，1，2，2，1，2，3，1，3，1，2)	2952	12
	(1，1，3，1，2，2，2，3，3，1，1，3，2，2，3，3，1，3，2，1，1，2，2，2，3，2，3，2，2)	2954	10
	(3，2，2，1，2，1，2，2，1，2，2，2，2，1，2，3，2，1，2，1，2，1，3，2，1，2，2，2，1)	5837	8
MODE	(1，1，1，3，2，2，1，3，3，2，3，2，3，2，1，2，1，3，1，2，3，2，3，3，1，2，2，3，1)	2953	12
	(3，2，2，1，2，2，1，3，1，3，3，1，3，2，1，2，1，1，3，3，1，2，3，3，2，2，2，2，2)	2954	10
	(1，2，2，1，2，2，3，2，3，1，3，2，3，3，3，3，2，3，1，1，2，3，1，2，2，1，3，3，1)	3521	8
NSGA Ⅱ	(3，2，1，3，3，3，2，1，1，1，1，2，2，3，2，2，2，3，3，2，2，1，2，2，2，2，2，3，1)	3062	12
	(1，3，2，1，3，1，2，3，2，2，2，2，3，1，1，2，2，1，1，3，2，2，2，2，2，2，2，2，1)	3616	10

计算得表 4.2 中的 SC(MOFA，NSGAⅡ) = 1，SC(NSGAⅡ，MOFA) = 0，说明 MOFA 算法产生的解集优于 NSGAⅡ 算法的。同理可得 SC(MOFA，MODE) = SC(MODE，MOFA) = 67%，表明 MOFA 算法产生的解集与 MODE 算法的不分优劣。

为了比较当 w 取不同值时，三种算法的整体优劣，表 4.3 和表 4.4 为在 $w = 2, 3, \cdots, 16$ 条件下，分别计算的各种 SC 值。

表 4.3　p22810 IP 核 Module 5 实验结果 SC(A，B)

A 的算法	MOFA		MODE		NSGAⅡ	
B 的算法	NSGAⅡ	MODE	MOFA	NSGAⅡ	MOFA	MODE
$w = 2$	50%	50%	50%	50%	50%	50%
$w = 3$	100%	67%	33%	100%	0%	0%
$w = 4$	100%	100%	67%	100%	0%	0%
$w = 5$	100%	20%	60%	100%	0%	0%
$w = 6$	100%	80%	17%	100%	0%	0%
$w = 7$	100%	0%	80%	100%	0%	0%
$w = 8$	100%	0%	85%	100%	0%	0%
$w = 9$	60%	0%	100%	100%	57%	0%
$w = 10$	50%	0%	100%	100%	0%	0%
$w = 11$	86%	0%	100%	100%	0%	0%
$w = 12$	100%	20%	80%	100%	0%	0%
$w = 13$	60%	0%	83%	100%	33%	0%
$w = 14$	83%	20%	80%	83%	20%	20%
$w = 15$	100%	20%	83%	100%	0%	0%
$w = 16$	50%	20%	100%	100%	50%	0%
平均	83%	27%	74%	95%	14%	5%

表 4.3 所列实验结果表明，SC(MOFA，NSGAⅡ) 的平均值为 83%，大于 SC(NSGAⅡ，MOFA) 的平均值 14%，说明 MOFA 算法产生的解集整体上优于 NSGA Ⅱ 算法的。同理可得 SC(MOFA，MODE) 的平均值为 27%，小于 SC(MODE，MOFA) 的平均值 74%，表明 MOFA 算法产生的解集整体上稍差于 MODE 算法的。

表 4.4　p34392 IP 核 Module 2 实验结果 SC(A, B)

A 的算法	MOFA		MODE		NSGAⅡ	
B 的算法	NSGAⅡ	MODE	MOFA	NSGAⅡ	MOFA	MODE
$w=2$	100%	0%	100%	100%	0%	0%
$w=3$	100%	67%	67%	100%	0%	0%
$w=4$	100%	33%	67%	100%	0%	0%
$w=5$	100%	50%	25%	100%	0%	0%
$w=6$	100%	33%	75%	100%	0%	0%
$w=7$	100%	0%	80%	100%	0%	0%
$w=8$	80%	0%	67%	75%	17%	0%
$w=9$	75%	0%	75%	100%	0%	0%
$w=10$	100%	0%	100%	100%	0%	0%
$w=11$	57%	0%	83%	100%	17%	0%
$w=12$	67%	0%	83%	100%	17%	0%
$w=13$	75%	0%	80%	100%	0%	0%
$w=14$	80%	0%	83%	100%	33%	0%
$w=15$	33%	33%	33%	100%	0%	0%
$w=16$	100%	0%	33%	100%	0%	0%
平均	84%	14%	70%	98%	6%	0%

表 4.4 所列实验结果表明，SC(MOFA，NSGAⅡ) 的平均值为 84%，大于 SC(NSGAⅡ，MOFA) 的平均值 6%，说明 MOFA 算法产生的解集整体上优于 NSGAⅡ 算法的。同理，SC(MOFA，MODE) 的平均值为 14%，小于 SC(MODE，MOFA) 的平均值 70%，表明 MOFA 算法产生的解集整体上稍差于 MODE 算法的。

第 5 章　基于人工灰狼算法的三维堆叠 SoC 测试规划方法研究

三维堆叠集成技术可能是摩尔定律得以继续的一项关键技术，因为三维堆叠集成电路克服了传统集成电路由于晶体管数目的增多造成内部连线长度急剧增长的缺点，大大提高了集成电路的性能。采用 IP 模块复用的集成电路设计方法大幅度节省了设计时间和设计复杂度，提高了设计效率，因此面向硅直通(TSV，Through Silicon Vias)的三维堆叠集成电路最有可能通过基于 IP 核复用的三维 SoC 得以实现。三维 SoC 多层芯片间采用硅直通技术，采用垂直的连线方式代替早期的边缘走线方式，使得三维 SoC 的内部连线大大缩短，从而降低了传输功耗和传输延时，进一步加大了集成芯片的封装密度。

当前，三维集成电路的测试理论与优化方法研究已经成为集成电路测试领域的热点问题[48-88]。对三维堆叠 SoC 测试规划是一个全新的课题，C. J. Shih、C. Y. Hsu 和 K. Chakrabarty 等在热感知的三维集成电路测试规划方面做了相关研究。为了优化三维堆叠集成电路中的晶圆筛选和封装测试等测试流程，文献[50]提出了一种测试规划方法，在满足功耗约束的条件下，优化晶圆筛选和封装测试。为了避免局部热点，F. A. Hussin 提出了基于热安全的 3D 堆叠 SoC 测试规划，而且对 3D 堆叠 SoC 测试中的挑战进行了阐述。为了减少测试成本，B. Noia 和 K. Chakrabarty 等对面向 TSV 的堆叠而成的三维集成电路进行测试结构优化，在堆叠的晶片数小于等于 5 的前提下，ILP 可以在可接受的时间获得较好的结果。为了减少测试成本和硬件开销，L. Jiang 和 Q. Xu 等针对采用三维堆叠集成技术制造的基于嵌入式 IP 核的 SoC，提出了一种布局驱动的测试结构设计优化方法和热感知的测试规划。

三维 SoC 测试规划是一个全新的课题，被证明是一个 NP hard 问题。当前的研究主要面向多约束条件下的三维 SoC 测试规划，而且采用的方法仍然主要是线性规划或者整数线性规划方法，大多数的研究都以 IP 核或者 SoC 本身的规模较小作为前提。但是随着集成电路的集成度和制造能力不断提高，未来的三维堆叠电路规模会越来越大。随着问题的规模增大，传统的方法将越来越难以接受。因此，探索三维堆叠 SoC 测试规划新方法，在测试资源(测试引脚，可用 TSV 数量)有限的前提下，减少 SoC 测试时间成为一个重要课题。

5.1　问题描述

三维堆叠 SoC 是直接通过晶片—晶片绑定和堆叠而成的一种三维集成电路，晶片与晶片之间通过 TSV 垂直互连，因此可以获得最高的垂直互连密度。为了测试三维堆叠 SoC 上的晶片和相关的 IP 模块，要求测试访问机制传输测试数据到晶片上的 IP 核。此外，因为用 TSV 作垂直互连，所以需要(三维的测试访问机制)从处于堆叠底部的测试引脚传输测试数据和测试响应。在考虑优化测试结构时，不仅应该考虑最小化测试时间（测试长度，Test length)，而且应该考虑使用 TSV 的数量，同时还要考虑堆叠上最大测试引脚数目的约束。这是因为每一个 TSV 都需要额外的硬件开销，同时 TSV 本身也是三维集成电路中潜在的故障源。

三维堆叠 SoC 的测试时间(时钟周期数) 取决于测试结构和可用 TSV 数量和测试引脚约束下相应的测试规划。本章只考虑用硬晶片堆叠而成的三维 SoC。采用硬晶片堆叠的三维 SoC 测试规划问题描述如下：给定一个三维 SoC 堆叠有 M 个晶片，给定最大可用测试引脚数目为 Pin_{max} 和最大可用 TSV 数目为 TSV_{max}(TSV 主要用作 3D TAM 设计，连接不同层)；对于任意硬晶片 n，即 $\forall n \in M$，已知其所需测试引脚为Pin_n 和其测试时间 T_n，即已知$\{\mathrm{Pin}_1, \mathrm{Pin}_2, \cdots, \mathrm{Pin}_M\}$ 和$\{T_1, T_2, \cdots, T_M\}$；该问题的目标是通过 TAM 设计和相应的测试规划，在测试总引脚数不超过 Pin_{max} 和使用 TSV 数目不超过 TSV_{max} 的约束下，使得测试时间最小。

采用硬晶片的三维 SoC 测试规划已被证明是一个 NP hard 问题，本章提出一种三维堆叠 SoC 测试规划新方法解决该 NP hard 问题。

5.2　灰狼优化算法

5.2.1　灰狼群的社会等级

灰狼优化(GWO，Grey Wolf Optimization) 算法是受到自然界灰狼的社会等级划分和狩猎机制启发而形成的一种优化方法[142]。

灰狼群的首领 Alpha，它负责包括狩猎在内的几乎一切事务的决策[143]。在灰狼群中，第二个阶层是 Beta，它辅助 Alpha 做决策，理所当然万一 Alpha 死亡或者变老，Beta 就是最佳替代者。第三个阶层是 Delta，它服从于 Alpha 和 Beta，并且必须巡逻，保护狼群的安全。等级最低的是 Omega，它是“替罪羊”的角色，它可以满足整个狼群，维持着整个群体的体系结构。灰狼群的社会等级如图 5.1 所示。

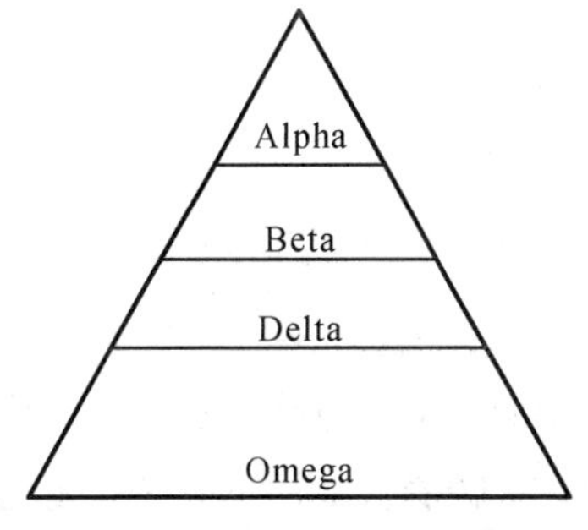

图 5.1　灰狼群的社会等级图

5.2.2 灰狼群的狩猎行为和数学模型

灰狼群的社会等级是一个特别的特征，而群体狩猎则是另外一个特别的社会行为。灰狼狩猎的过程可以归纳为三步：首先，它们追踪和接近猎物；然后追赶、包围和骚扰猎物；最后，它们向猎物发起攻击[144-150]。

狩猎行为可以通过数学建模进行模拟。为了模拟包围行为，给出如下公式：

$$\boldsymbol{D} = |\boldsymbol{C}\boldsymbol{X}_p(t) - \boldsymbol{X}(t)| \tag{5-1}$$

$$\boldsymbol{X}(t+1) = \boldsymbol{X}_p(t) - \boldsymbol{A}\boldsymbol{D} \tag{5-2}$$

其中，t 代表当前迭代次数，$\boldsymbol{A}$ 和 $\boldsymbol{C}$ 是系数矢量，$\boldsymbol{X}$ 代表灰狼的位置矢量，$\boldsymbol{X}_p$ 代表猎物的位置矢量。系数矢量 $\boldsymbol{A}$ 和 $\boldsymbol{C}$ 可以通过下式获得：

$$\boldsymbol{A} = 2\boldsymbol{a}\boldsymbol{r}_1 - \boldsymbol{a} \tag{5-3}$$

$$\boldsymbol{C} = 2\boldsymbol{r}_2 \tag{5-4}$$

其中，$\boldsymbol{a}$ 的元素在迭代的过程中从 2 线性递减到 0；$\boldsymbol{r}_1$ 和 $\boldsymbol{r}_2$ 是随机矢量，它们的元素取值在 0 到 1 之间随机产生。

灰狼首先搜索并发现猎物的位置，然后将之包围。实际上，在一个搜索空间，最佳的猎物位置是未知的。为了模拟灰狼的狩猎行为，假设 Alpha、Beta 和 Delta 知道猎物潜在的位置。因此，当前获得的最好的三个解被存储下来，群体当中的其他成员必须根据这三个最好解的位置更新它们的位置。这种行为可以用如下各式进行模拟：

$$\boldsymbol{D}_\alpha = |\boldsymbol{C}_1 \boldsymbol{X}_\alpha - \boldsymbol{X}| \tag{5-5}$$

$$\boldsymbol{D}_\beta = |\boldsymbol{C}_2 \boldsymbol{X}_\beta - \boldsymbol{X}| \tag{5-6}$$

$$\boldsymbol{D}_\delta = |\boldsymbol{C}_3 \boldsymbol{X}_\delta - \boldsymbol{X}| \tag{5-7}$$

$$\boldsymbol{X}_1 = \boldsymbol{X}_\alpha - \boldsymbol{A}_1 \boldsymbol{D}_\alpha \tag{5-8}$$

$$\boldsymbol{X}_2 = \boldsymbol{X}_\beta - \boldsymbol{A}_2 \boldsymbol{D}_\beta \tag{5-9}$$

$$\boldsymbol{X}_3 = \boldsymbol{X}_\delta - \boldsymbol{A}_3 \boldsymbol{D}_\delta \tag{5-10}$$

$$\boldsymbol{X}(t+1) = \frac{\boldsymbol{X}_1 + \boldsymbol{X}_2 + \boldsymbol{X}_3}{3} \tag{5-11}$$

通过减小 $\boldsymbol{a}$ 中元素 $a(t)$ 的值，可以模拟灰狼逐渐接近猎物的行为，$a(t)$ 可以从下式获得：

$$a(t) = 2 - \frac{2t}{\text{Max\_iter}} \tag{5-12}$$

其中，t 是一个 0 到 Max_iter 之间的一个整数，t 在迭代的过程中每次递增 1，Max_iter 是最大的迭代次数。因此，$a(t)$ 在整个迭代过程当中，它的值线性地从 2 减小到 0。

很自然，通过式(5-3)，发现 $\boldsymbol{A}$ 的值是$[-a, a]$的随机值。当 $\boldsymbol{A}$ 的值是$[-1, 1]$的随机值时，意味着灰狼的下一个位置必定在当前位置和猎物之间。因此，当 $|\boldsymbol{A}|<1$ 时，代表灰狼发起了攻击行为。当然，当 $|\boldsymbol{A}|>1$ 时，代表灰狼正远离当前猎物去搜索更好的猎物。

5.3　基本 DE 算法

R. Storn 首先提出差分进化(DE，Differential Evolution) 算法用以解决全局优化问题，其具有控制参数少的特点，因此在各个工程领域得到了广泛应用[128-132]。

基本DE算法从一个随机产生的初始种群开始，然后通过变异、交叉和选择算子更新种群。每个部分简单介绍如下：

1. 变异

差分进化采用了一种典型策略，用以获得变异个体。首先随机地在种群中确定三个不相同的个体，将当中两者的差量实施缩放，并且和第三者实施综合，表达式如下：

$$V^i(g) = X^{r_1}(g) + F \cdot (X^{r_2}(g) - X^{r_3}(g)),\ r_1 \neq r_2 \neq r_3 \neq i \tag{5-13}$$

其中，g 表示迭代次数，F 为缩放因子，$g = 0, 1, 2, \cdots$, MaxGen。MaxGen 为最大的迭代次数。该差分策略被广泛使用，被称为 DE/rand/1/bin，因为它能够保持种群的多样性。

2. 交叉

第 g 代种群和它的变异种群进行交叉，表达式如下：

$$U_j^k(g) = \begin{cases} V_j^k(g), & \text{rand}(0, 1) \leqslant CR \parallel j = j_{\text{rand}} \\ X_j^k(g), & \text{其他} \end{cases} \tag{5-14}$$

其中，CR 代表交叉概率，j_{rand} 是 1 到 d 之间的一个随机整数。

3. 选择

DE 采用贪心策略确定待选解是否用来更新种群：

$$X^k(g+1) = \begin{cases} U^k(g), & f(U^k(g)) \leqslant f(X^k(g)) \\ X^k(g), & \text{其他} \end{cases} \tag{5-15}$$

5.4　HGWO 算法

5.4.1　HGWO 算法描述

B. M. Vonholdt 等分析了北部山区 555 只灰狼在 10 年间(1995 — 2004) 恢复期的 DNA 样本[151]。C. Matthew 讨论了灰狼狩猎行为的社会和季节效应[152]。J. A. Vucetich 作了一个分析，得出的结论是：该灰狼群包含了一个灰狼算法忽略的狩猎特性，即在大规模群体中的个体，可以得到狩猎优势[153]。但是，以上文献均没有给出解决全局优化问题的数学模型。S. Mirjalili 首次给出了一个利用灰狼狩猎行为原理而产生的数学模型，用以解决全局优化问题。实验结果表明 GWO 算法可以解决经典的工程设计优化问题，它具有较好的搜索能力，可以被用来解决那些具有未知搜索空间的挑战性 NP hard 问题[154-155]。

正如我们所知，灰狼狩猎的三个步骤是跟踪、包围和攻击。在数学模型中，当 $|\boldsymbol{A}|<1$ 时，表示灰狼发起攻击，当 $|\boldsymbol{A}|>1$ 时，表示灰狼离开去搜索新的猎物。我们可以把攻击行为类比于局部搜索，而把离开去搜索新猎物类比于全局搜索。因此，当发起攻击行为时，GWO 算法容易陷入局部最优而停滞。本节提出一种新的启发式算法，混合灰狼优化(HGWO，Hybridizing Grey Wolf Optimization) 算法：由于 GWO 算法在发起攻击行为时，容易陷入局部最优而停滞，而 DE 算法有很强的搜索能力，因此在发起攻击行为时将 DE 算法与 GWO 算法混合，用来更新灰狼 Alpha、Beta 和 Delta 的位置，从而使得 GWO 跳出停滞的局部最优。

HGWO 算法中采用了三个种群，它们的种群规模都是 psize。

令 POP 表示一个种群，定义如下：

$$\text{POP} = \{\boldsymbol{X}^1, \boldsymbol{X}^2, \cdots, \boldsymbol{X}^k, \cdots, \boldsymbol{X}^{\text{psize}}\} \tag{5-16}$$

其中，psize 是种群规模，k 是个体的系列号，$k=1, 2, 3, \cdots, \text{psize}$。种群中的每一个个体可以用下式表示：

$$X^k = (X_1^k, X_2^k, \cdots, X_p^k, \cdots, X_d^k) \tag{5-17}$$

其中，d 是解(个体) 的维数，X_p^k可由下式产生

$$X_p^k = X_p^k(\text{low}) + (X_p^k(\text{up}) - X_p^k(\text{low})) \times \text{rand}(0, 1) \tag{5-18}$$

其中，$X_p^k(\text{low})$ 是第 k 个个体的第 p 维的下界，$X_p^k(\text{up})$ 是第 k 个个体的第 p 维的上界，$p=1, 2, \cdots, d$，rand(0, 1) 表示 0 到 1 之间的随机数。首先，在可行域内采用混合式(5-18) 随机生成三个种群：父灰狼种群、子灰狼种群和变异灰狼种群。

在以下的步骤中，首先将父灰狼种群按照每个个体的适应值非递增排序，找到父灰狼种群中第一、第二和第三个个体，把它们命名为 Alpha、Beta 和 Delta。

在迭代的过程中，我们采用式 (5-11) 更新父灰狼种群。然后，采用式(5-13) 和式(5-14) 分别产生变异灰狼种群和子灰狼种群。之后，采用式(5-3)，式(5-4) 和式(5-12) 分别更新 $\boldsymbol{A}$、$\boldsymbol{C}$ 和 a。为了更新Parent_α、Parent_β和Parent_δ，将父灰狼种群按照每个个体的适应值非递增排序。一旦迭代结束，则返回 Parent_α 和 $f(\text{Parent}_\alpha)$。

每个父灰狼种群个体在更新位置的时候，有可能产生非可行解，即超越它的上界或者下界，此时采用下式进行越界处理：

$$\text{Parent}_{ij} = \begin{cases} l_j, & f(\text{Parent}_{ij}) < l_j \\ u_j, & f(\text{Parent}_{ij}) > u_j \\ \text{Parent}_{ij}, & \text{其他} \end{cases} \tag{5-19}$$

其中，$j=1, 2, \cdots, d$；$i=1, 2, 3, \cdots, \text{psize}$，$d$ 是每个个体的维数，psize 是种群的规模。

HGWO 算法具体如下。

算法 5.1　HGWO 算法

输入：目标函数，种群规模和约束条件

输出：最优解和目标函数值约束条件

1：采用式(5-18) 随机生成父灰狼种群

2：采用公式(5-18) 随机生成变异灰狼种群

3：采用公式(5-18) 随机生成子灰狼种群

4：初始化交叉概率 Pc 和缩放因子 F

5：初始化参数 a、$\boldsymbol{A}$ 和 $\boldsymbol{C}$

6：计算父灰狼种群所有个体的目标函数值

7：对父灰狼种群所有个体按照目标函数值递增排序：

　Parent_α = 父灰狼种群中最佳个体

　Parent_β = 父灰狼种群中排名第二的个体

　Parent_δ = 父灰狼种群中排名第三的个体

8：While ($t <$ MaxGeneration)

　更新灰狼种群个体位置

　end for

获得变异灰狼种群

获得子灰狼种群

对于父灰狼种群中的每一个个体

　　if $f(\text{Child}_i) < f(\text{Parent}_i)$

　　　采用 Child_i 代替 Parent_i

　　end if

end for

更新参数 a、$\boldsymbol{A}$ 和 $\boldsymbol{C}$

对父灰狼种群所有个体按照目标函数值递增排序

更新Parent_α，Parent_β，Parent_δ

$t = t+1$;

end while

返回Parent_α 和 $f(\text{Parent}_\alpha)$;

5.4.2　HGWO 算法的验证

为了验证 HGWO 算法的有效性，采用大多数研究者广泛使用的 23 个标准测试函数对 HGWO 算法进行测试[145-150]。23 个标准测试函数可以被分成三组：单峰标准测试函数、多峰标准测试函数以及固定维数多峰标准测试函数。

第一组单峰标准测试函数 $f_1 \sim f_7$ 的表达式如下所列：

$$f_1(\boldsymbol{x}) = \sum_{i=1}^{n} x_i^2,\ -100 \leqslant x_i \leqslant 100,\ n = 30,\ f_{1\min} = 0 \tag{5-20}$$

$$f_2(\boldsymbol{x}) = \sum_{i=1}^{n} |\ x_i\ | + \prod_{i=1}^{n} |\ x_i\ |,\ -10 \leqslant x_i \leqslant 10,\ n = 30,\ f_{2\min} = 0 \tag{5-21}$$

$$f_3(\boldsymbol{x}) = \sum_{i=1}^{n} \left(\sum_{j=1}^{i} x_j\right)^2,\ -100 \leqslant x_i \leqslant 100,\ n = 30,\ f_{3\min} = 0 \tag{5-22}$$

$$f_4(\boldsymbol{x}) = \max_i\{|\ x_i\ |,\ 1 \leqslant i \leqslant n\},\ -100 \leqslant x_i \leqslant 100,\ n = 30,\ f_{4\min} = 0 \tag{5-23}$$

$$f_5(\boldsymbol{x}) = \sum_{i=1}^{n-1} [100\ (x_{i-1} - x_i^2)^2 + (x_i - 1)^2],\ -30 \leqslant x_i \leqslant 30,\ n = 30,\ f_{5\min} = 0 \tag{5-24}$$

$$f_6(\boldsymbol{x}) = \sum_{i=1}^{n} (x_i + 0.5)^2,\ -100 \leqslant x_i \leqslant 100,\ n = 30,\ f_{6\min} = 0 \tag{5-25}$$

$$f_7(\boldsymbol{x}) = \sum_{i=1}^{n} i x_i^4 + \mathrm{random}[0,\ 1],\ -1.28 \leqslant x_i \leqslant 1.28,\ n = 30,\ f_{7\min} = 0 \tag{5-26}$$

单峰标准测试函数（$f_1 \sim f_7$）的二维图形如图 5.2 所示。

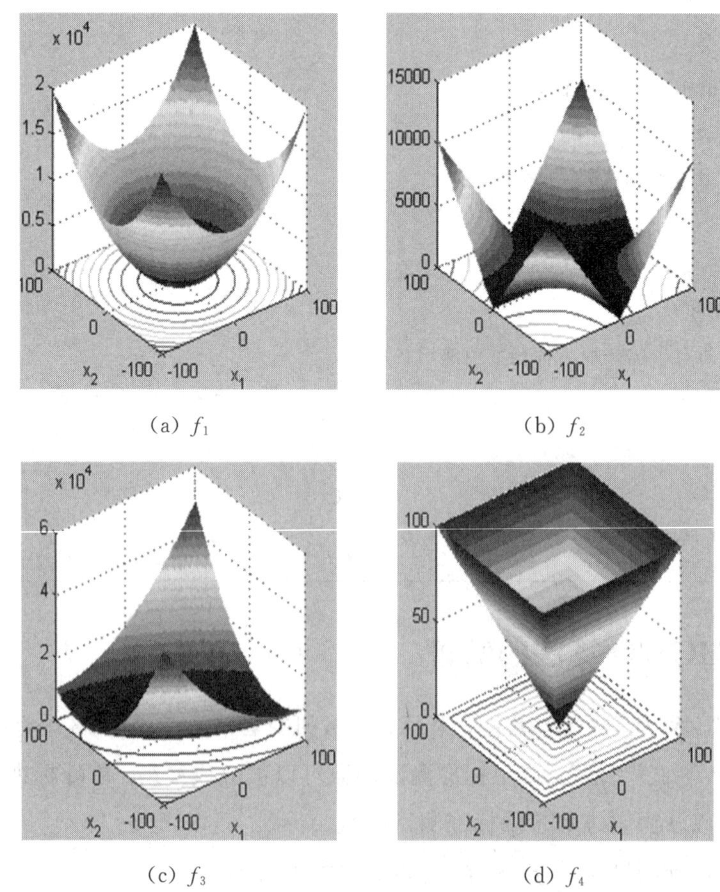

(a) f_1　　(b) f_2

(c) f_3　　(d) f_4

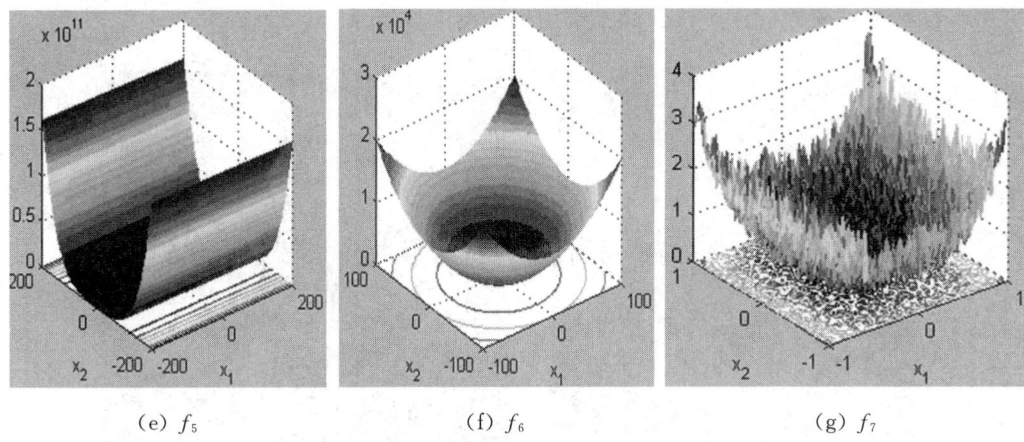

(e) f_5　　(f) f_6　　(g) f_7

图 5.2　单峰标准测试函数的二维图形

第二组多峰标准测试函数（$f_8 \sim f_{13}$）的函数表达式如下：

$$f_8(\boldsymbol{x}) = \sum_{i=1}^{n} - x_i \sin(\sqrt{|x_i|}),\ -500 \leqslant x_i \leqslant 500,\ n = 30,\ f_{8\min} = -4189.829 \times 5 \tag{5-27}$$

$$f_9(\boldsymbol{x}) = \sum_{i=1}^{n} |x_i^2 - 10\cos(2\pi x_i) + 10|,\ -5.12 \leqslant x_i \leqslant 5.12,\ n = 30,\ f_{9\min} = 0 \tag{5-28}$$

$$f_{10}(\boldsymbol{x}) = -20\exp\left[-0.2\sqrt{\frac{1}{n}\sum_{i=1}^{n} x_i^2}\right] - \exp\left(\frac{1}{n}\sum_{i=1}^{n}\cos(2\pi x_i)\right) + 20 + \mathrm{e},$$
$$-32 \leqslant x_i \leqslant 32,\ n = 30,\ f_{10\min} = 0 \tag{5-29}$$

$$f_{11}(\boldsymbol{x}) = \frac{1}{4000}\sum_{i=1}^{n} x_i^2 - \prod_{i=1}^{n}\cos\left(\frac{x_i}{\sqrt{i}}\right) + 1,\ -600 \leqslant x_i \leqslant 600,\ n = 30,\ f_{11\min} = 0 \tag{5-30}$$

$$f_{12}(\boldsymbol{x}) = \frac{\pi}{n}\{10\sin(\pi y_1) + \sum_{i=1}^{n-1}(y_i - 1)^2[1 + 10\sin^2(\pi y_{i+1}) + (y_n - 1)^2]\} +$$
$$\sum_{i=1}^{n} u(x_i,\ 10,\ 100,\ 4),\ -50 \leqslant x_i \leqslant 50,\ n = 30,\ f_{12\min} = 0 \tag{5-31}$$

$$y_i = 1 + \frac{x_i + 1}{4},\ u(x_i,\ a,\ k,\ m) = \begin{cases} k(x_i - a)^m, & x_i > a \\ 0, & -a < x_i < a \\ k(-x_i - a)^m, & x_i < -a \end{cases}$$

$$f_{13}(\boldsymbol{x}) = 0.1\{\sin^2(3\pi x_1) + \sum_{i=1}^{n}(x_i - 1)^2[1 + \sin^2(3\pi x_i)] + (x_n - 1)^2[1 + \sin^2(2\pi x_n)]\} +$$
$$\sum_{i=1}^{n} u(x_i,\ 5,\ 100,\ 4),\ -50 \leqslant x_i \leqslant 50,\ n = 30,\ f_{13\min} = 0 \tag{5-32}$$

多峰标准测试函数($f_8 \sim f_{13}$)的二维图形如图 5.3 所示。

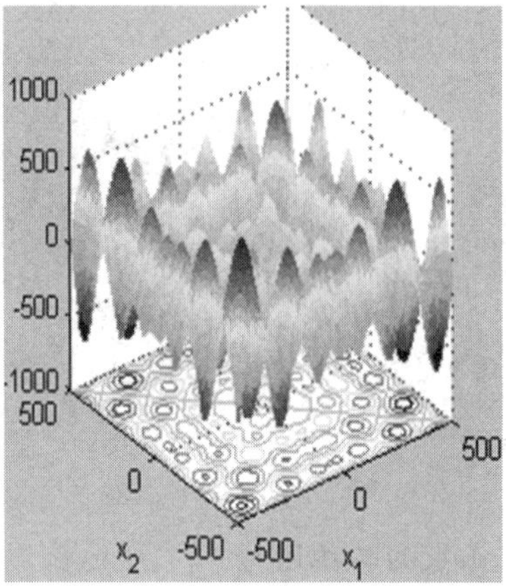

(a) f_8 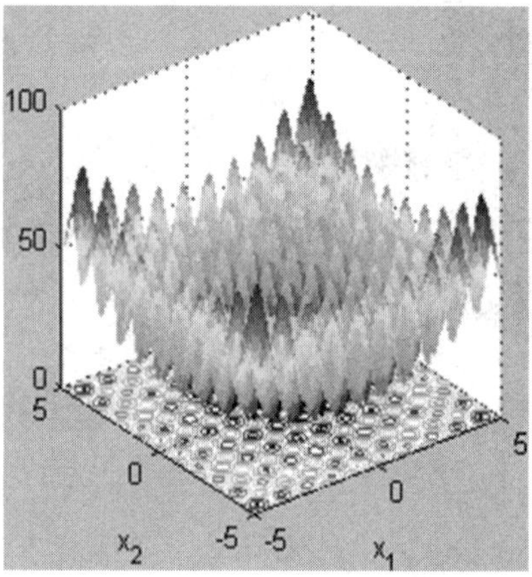　　(b) f_9

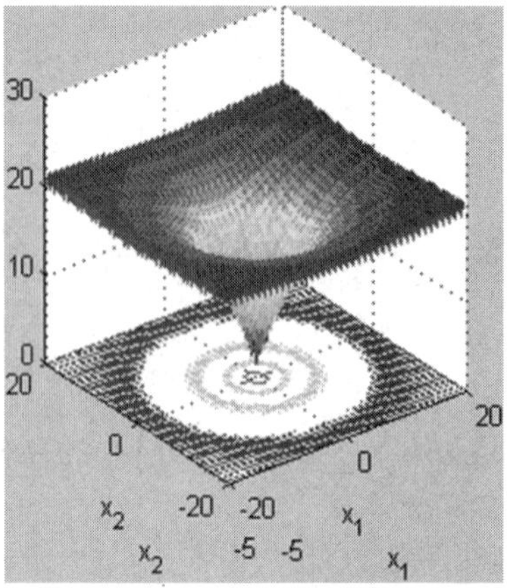

(c) f_{10} 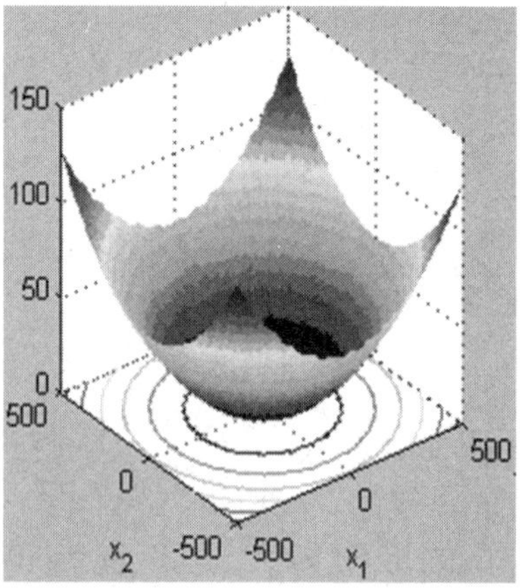　　(d) f_{11}

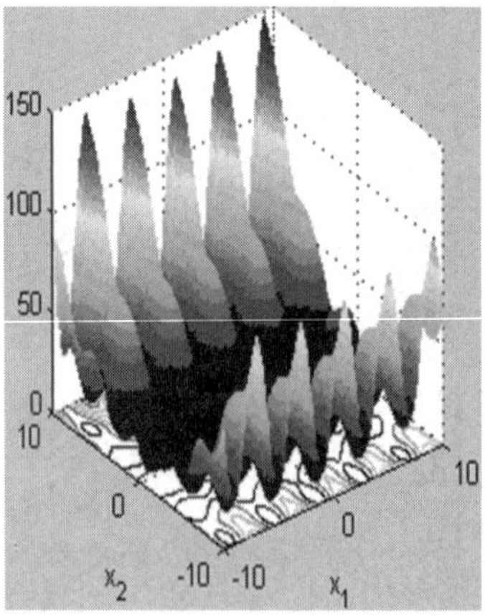

(e) f_{12} 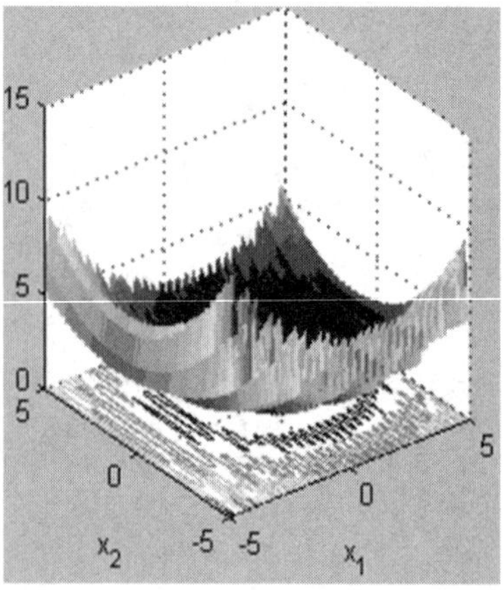　　(f) f_{13}

图 5.3　多峰标准测试函数的二维图形

第三组固定维数多峰标准测试函数($f_{14} \sim f_{23}$)的函数表达式如下：

$$f_{14}(\boldsymbol{x}) = \left[\frac{1}{500} + \sum_{j=1}^{25} \frac{1}{\sum_{i=1}^{n} (x_i - a_j)^6}\right]^{-1}, -65 \leqslant x_i \leqslant 65, n = 2, f_{14\min} = 1 \tag{5-33}$$

$$f_{15}(\boldsymbol{x}) = \sum_{i=1}^{11} \left[a_i - \frac{x_1(b_i^2 + b_i x_2)}{b_i^2 + b_i x_3 + x_4}\right]^2, -5 \leqslant x_i \leqslant 5, f_{15\min} = 0.0003 \tag{5-34}$$

$$f_{16}(\boldsymbol{x}) = 4x_1^2 - 2.1x_1^4 + \frac{1}{3}x_1^6 + x_1 x_2 - 4x_2^2 + 4x_2^4, -5 \leqslant x_i \leqslant 5, f_{16\min} = -1.0316 \tag{5-35}$$

$$f_{17}(\boldsymbol{x}) = \left(x_2 - \frac{5.1}{4\pi^2} + \frac{5}{\pi}x_1 - 6\right)^2 + 10\left(1 - \frac{1}{8\pi}\right)\cos x_1 + 10, -5 \leqslant x_i \leqslant 5, f_{17\min} = 0.398 \tag{5-36}$$

$$\begin{aligned} f_{18}(\boldsymbol{x}) = &[1 + (x_1 + x_2 + 1)^2(19 - 14x_1 + 3x_1^2 - 14x_2 + 6x_1 x_2 + 3x_2^2)] \\ &[30 + (2x_1 - 3x_2)^2(18 - 32x_1 + 12x_1^2 + 48x_2 - 36x_1 x_2 + 27x_2^2)], \\ &-2 \leqslant x_i \leqslant 2, f_{18\min} = 3 \end{aligned} \tag{5-37}$$

$$f_{19}(\boldsymbol{x}) = \sum_{i=1}^{4} c_i \exp\left(-\sum_{j=1}^{n} a_{ij} (x_j - p_{ij})^2\right), 1 \leqslant x_i \leqslant 3, n = 3, f_{19\min} = 3.86 \tag{5-38}$$

$$f_{20}(\boldsymbol{x}) = \sum_{i=1}^{4} c_i \exp\left(-\sum_{j=1}^{n} a_{ij} (x_j - p_{ij})^2\right), n = 6, 0 \leqslant x_i \leqslant 1, f_{20\min} = -3.32 \tag{5-39}$$

$$f_{21}(\boldsymbol{x}) = -\sum_{i=1}^{5} [(\boldsymbol{x} - a_i)(\boldsymbol{x} - a_i)^{\mathrm{T}} + c_i]^{-1}, 0 \leqslant x_i \leqslant 10, n = 4, f_{21\min} = -10.1532 \tag{5-40}$$

$$f_{22}(\boldsymbol{x}) = -\sum_{i=1}^{7} [(\boldsymbol{x} - a_i)(\boldsymbol{x} - a_i)^{\mathrm{T}} + c_i]^{-1}, 0 \leqslant x_i \leqslant 10, n = 4, f_{22\min} = -10.4028 \tag{5-41}$$

$$f_{23}(\boldsymbol{x}) = -\sum_{i=1}^{10} [(\boldsymbol{x} - a_i)(\boldsymbol{x} - a_i)^{\mathrm{T}} + c_i]^{-1}, 0 \leqslant x_i \leqslant 10, n = 4, f_{23\min} = -10.5363 \tag{5-42}$$

固定维数多峰标准测试函数($f_{14} \sim f_{23}$)的二维图形如图 5.4 所示。

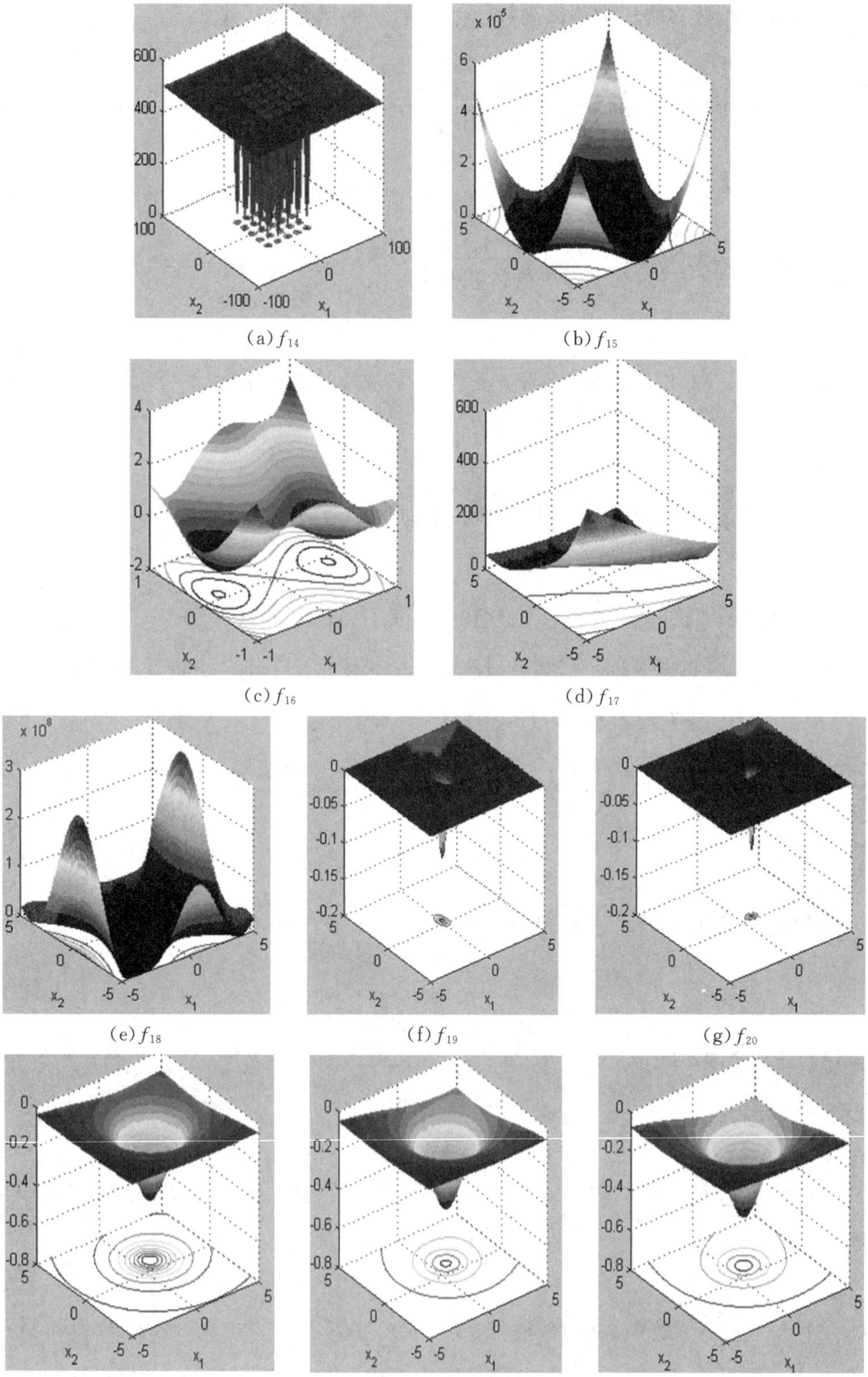

(a) f_{14}　　(b) f_{15}

(c) f_{16}　　(d) f_{17}

(e) f_{18}　　(f) f_{19}　　(g) f_{20}

(h) f_{21}　　(i) f_{22}　　(j) f_{23}

图 5.4　固定维数多峰标准测试函数的二维图形

为方便对比，本节将所有算法的种群规模和最大迭代次数设置成相同的值。HGWO 算法的参数配置：缩放因子 $F = 0.5$，交叉概率 Pc = 0.2，种群规模 psize = 30，最大迭代次数 Max_iteration = 500。GWO 算法的参数配置：种群规模 psize = 30，最大迭代次数 Max_iteration = 500。DE 算法的参数配置：缩放因子 $F = 0.5$，交叉概率 Pc = 0.2，种群规模 psize = 30，最大迭代次数 Max_iteration = 500。粒子群算法(PSO，Particle Swarm Optimization) 算法的参数配置：种群规模 SearchAgents_no = 30，最大迭代次数 Max_iteration = 500，Vmax = 6，Wmax = 0.9，Wmin = 0.2，$c_1 = 2$，$c_2 = 2$。

所有算法在每一个标准测试函数上独立运行 30 次，实验结果主要包括均值，标准方差，最佳解和最差解，统计结果如表 5.1 ～ 表 5.6。

表 5.1　单峰测试函数实验结果(Best，Worst)

F	HGWO		GWO		PSO		DE	
	最佳(Best)	最差(Worst)	最佳(Best)	最差(Worst)	最佳(Best)	最差(Worst)	最佳(Best)	最差(Worst)
f_1	2.9225e-034	8.9527e-032	3.2331e-029	2.605e-027	1.6054e-005	0.0010418	0.00044645	0.0026051
f_2	1.648e-020	3.5975e-019	1.1072e-017	3.3919e-016	0.0045204	0.32853	0.0029732	0.0066067
f_3	6.0734e-011	3.0796e-007	4.8677e-009	0.00020377	32.4019	138.2763	20674.3519	39111.9382
f_4	5.8098e-009	2.3889e-007	1.6861e-007	3.2067e-006	0.70782	1.4699	4.6169	8.2089
f_5	25.223	28.5405	26.0822	28.54	8.0022	250.8613	75.6773	248.899
f_6	2.2573e-005	0.75337	0.25033	1.7597	1.5926e-005	0.0016387	0.00069667	0.0019958
f_7	0.00036558	0.0032712	0.0010554	0.006132	0.070026	0.072001	0.091968	0.23053

表 5.2　多峰测试函数实验结果(Best，Worst)

F	HGWO		GWO		PSO		DE	
	最佳(Best)	最差(Worst)	最佳(Best)	最差(Worst)	最佳(Best)	最差(Worst)	最佳(Best)	最差(Worst)
f_8	−7260.5648	−5291.9571	−6886.0916	−3182.5128	−7273.2031	−3085.4908	−10839.3422	−9039.169
f_9	0	4.7666	0	6.032	29.5152	94.5464	57.2338	82.7678
f_{10}	3.6415e-014	5.0626e-014	7.9048e-014	1.3589e-013	0.0017205	1.6463	0.0065394	0.017594
f_{11}	0	0.031214	0	0.031214	7.8318e-007	0.036895	0.0016059	0.029697
f_{12}	0.0068348	0.045429	0.0066543	0.11949	7.1171e-008	0.10367	3.196e-005	0.00027808
f_{13}	0.10019	0.56647	0.32323	0.965	2.779e-006	0.097403	0.00019767	0.002142

表 5.3　固定维数多峰测试函数实验结果(Best, Worst)

F	HGWO		GWO		PSO		DE	
	最佳(Best)	最差(Worst)	最佳(Best)	最差(Worst)	最佳(Best)	最差(Worst)	最佳(Best)	最差(Worst)
f_{14}	0.998	2.9821	0.998	12.6705	0.998	8.8408	0.998	10.7632
f_{15}	0.00030749	0.0004779	0.00030749	0.0005555	0.00038145	0.0019672	0.00043126	0.0015347
f_{16}	−1.0316	−1.0316	−1.0316	−1.0316	−1.0316	−1.0316	−1.0316	−1.0316
f_{17}	0.39789	0.39789	0.39789	0.39789	0.39789	0.39789	0.39789	0.39789
f_{18}	3	3.0001	3	3.0001	3	3	3	3
f_{19}	−3.8628	−3.8607	3.8628	−3.8614	−3.8628	−3.8628	−3.8628	−3.8628
f_{20}	−3.322	−3.191	−3.322	−3.1978	−3.322	−3.2031	−3.322	−3.3002
f_{21}	−10.1527	−10.1503	−10.1518	−10.1488	−10.1532	−2.6305	−10.1532	−9.0152
f_{22}	−10.4025	−10.4006	−10.4024	−10.4005	−10.4029	−2.7659	−10.4029	−9.7468
f_{23}	−10.5363	−10.5342	−10.5361	−10.5322	−10.5364	3.8354	−10.5364	−8.9778

表 5.4　单峰测试函数实验结果(Ave, Std)

F	HGWO		GWO		PSO		DE	
	平均值	标准值	平均值	标准值	平均值	标准值	平均值	标准值
f_1	1.1213e-032	2.3177e-032	6.7051e-028	6.5864e-028	0.00021461	0.00021113	0.0011676	0.00045171
f_2	9.3303e-020	6.924e-020	8.6791e-017	7.6227e-017	0.051579	0.066451	0.0046316	0.0009411
f_3	3.1835e-008	6.5461e-008	9.6414e-006	3.6283e-005	75.9495	28.2165	29609.1795	4245.1188
f_4	4.168e-008	4.5629e-008	8.1659e-007	7.6392e-007	1.0799	0.20056	6.9052	0.8291
f_5	26.4876	0.70271	27.0417	0.5889	81.6205	55.4479	164.5161	41.9558
f_6	0.37823	0.22626	0.90608	0.35154	0.00024376	0.00035475	0.0011632	0.00032409
f_7	0.0014938	0.00075351	0.0025321	0.0011149	0.17478	0.072001	0.1536	0.030848

表 5.1 是单峰测试函数的实验结果(best and worst)，根据表 5.1 可得 HGWO 算法是非常有竞争力的，它在 f_1、f_2、f_3、f_4、f_7 的 5 个测试函数上的 best 和 worst 结果都要好于其他几种算法。表 5.4 是单峰测试函数的实验结果(average and standard deviation)，根据表 5.4，可得 HGWO 算法在 f_1、f_2、f_3、f_4、f_5、f_7 的 6 个测试函数上的性能都要好于其他几种算法。众所周知，单峰函数非常适合检验测试寻优算法的局部搜索能力，因此实验结果表明 HGWO 算法在局部搜索能力方面有着优越的性能。

表 5.5　多峰测试函数实验结果(Ave, Std)

F	HGWO		GWO		PSO		DE	
	平均值	标准方差	平均值	标准方差	平均值	标准方差	平均值	标准方差
f_8	−6407.2837	470.2764	−5850.3919	686.7768	−4772.8267	1117.3083	−9852.4708	454.9568
f_9	0.22748	0.92019	0.32928	1.1815	57.9502	14.3541	73.1003	6.1887
f_{10}	4.2692e-014	4.3688e-015	1.006e-013	1.326e-014	0.15056	0.39707	0.0098078	0.0021906
f_{11}	0.0013715	0.0058209	0.0020468	0.0066655	0.0087147	0.0090596	0.010911	0.0076285
f_{12}	0.024435	0.010417	0.042306	0.022104	0.01037	0.0311	9.1995e-005	5.0416e-005
f_{13}	0.34357	0.14832	0.59899	0.1414	0.0088475	0.018633	0.00059341	0.00038371

表 5.6　固定维数多峰测试函数实验结果(Ave, Std)

F	HGWO		GWO		PSO		DE	
	平均值	标准值	平均值	标准值	平均值	标准值	平均值	标准值
f_{14}	2.1142	0.95249	4.434	3.5594	3.5921	2.7273	1.3235	1.7529
f_{15}	0.00031847	3.1626e-005	0.00033927	6.3461e-005	0.00092988	0.00025225	0.00090219	0.00024909
f_{16}	−1.0316	6.6613e-016	−1.03	6.6613e-016	−1.0316	6.4099e-016	−1.0316	3.5075e-013
f_{17}	0.39789	1.6653e-016	0.39789	1.6653e-016	0.39789	0	0.39789	0
f_{18}	3	2.4944e-005	3	3.3993e-005	3	2.4659e-015	3	1.0884e-014
f_{19}	−3.8627	0.00038081	−3.8626	0.00028003	−3.8628	2.6373e−015	−3.8628	2.6645e-015
f_{20}	−3.3018	0.045271	−3.2866	0.054223	−3.2586	0.059314	−3.3213	0.0039058
f_{21}	−10.152	0.0005136	−10.1518	0.00078669	−5.9587	3.1213	−9.9856	0.34091
f_{22}	−10.4018	0.00049158	−10.4016	0.00058728	−8.4055	2.8918	−10.3506	0.12667
f_{23}	−10.5354	0.00053322	−10.5348	0.00094739	−9.3733	2.3429	−10.4075	0.31048

与单峰测试函数相比，多峰测试函数随着维数的增大，有着大量的小峰，即局部最优，这使得它们很适合检验测试寻优算法的全局搜索能力。表 5.5 和表 5.6 表明，HGWO 算法在大多数多峰测试函数上性能相比 GWO 和 PSO 有优势。HGWO 算法相比 DE 算法，很有竞争力。以上结果表明，HGWO 算法在全局搜索能力方面有着优越的性能。

由于多峰测试函数具有大量的局部最优，因此可以用来检验一个算法跳出局部最优的

能力。根据表5.2、表5.3、表5.5和表5.6的实验结果，HGWO算法在大多数多峰函数上性能都要比GWO和PSO好。HGWO算法在一半的多峰测试函数上性能好于DE算法。实验结果表明HGWO算法在局部搜索和全局搜索两个方面有较好的平衡。这主要是因为A的值是自适应的，以及引入了DE更新Alpha、Beta和Delta。在迭代的过程当中，一半的时间用来做局部搜索($|\boldsymbol{A}|<1$)，一半的时间用来做全局搜索($|\boldsymbol{A}|>1$)。

总之，实验结果表明在各种各样的测试标准函数上验证了本章提出的算法。此外，我们将进一步地通过一个工程优化中的NP hard问题验证HGWO算法。

5.5 基于HGWO算法的三维堆叠SoC测试规划

三维堆叠SoC的测试时间(时钟周期数)主要由测试结构和测试规划决定。本节只考虑用硬晶片堆叠而成的三维SoC。采用硬晶片堆叠的三维SoC测试规划问题可以描述如下：给定一个三维SoC堆叠有$|M|$个晶片构成的集合M，给定最大可用测试引脚数目为$\text{Pin}_{\max}$，最大可用TSV数目为$\text{TSV}_{\max}$；对于任意硬晶片n，即$\forall n \in M$，已知其所需测试引脚为Pin_n和其测试时间T_n，即已知$\{\text{Pin}_1, \text{Pin}_2, \cdots, \text{Pin}_M\}$和$\{T_1, T_2, \cdots, T_M\}$；该问题的目标是通过TAM设计和相应的测试规划，在总的测试引脚数不超过$\text{Pin}_{\max}$和使用TSV数目不超过$\text{TSV}_{\max}$的约束下，使得测试时间最少。

采用硬晶片的三维SoC测试规划已被证明是一个NP hard问题[54]，本节采用HGWO算法解决该NP hard问题。为了计算总的测试长度(测试时间，时钟周期数)，我们首先定义一个变量P_{ij}，当P_{ij}等于1时，表示晶片i和晶片j是并行测试的；当$P_{ij}=0$时，表示晶片i和晶片j串行测试。

同时，我们定义第二个变量PL_i，当PL_i等于0时表示晶片i与处于它更低层的晶片一起并行测试，当PL_i等于1时表示晶片i没有与处于它更低层的晶片一起并行测试。总的测试时间等于各个测试会话中的最大测试时间之和。在同一个测试会话中的各个晶片采用的是并行测试，不同测试会话之间是串行测试。因此，总的测试时间可以表示为

$$\text{TL} = \sum_{i=1}^{|N|} \text{PL}_i \left(\max_{j=i}^{|N|}\{P_{ij} T_j\}\right) \tag{5-43}$$

其中，T_j表示晶片j的测试时间，N表示晶片的数目。

对于任意一个晶片，它必然处于某一个测试会话中，因此在任意一个测试会话中所占用的测试引脚SessionP_i不能够超过最大的测试引脚数$\text{Pin}_{\max}$，可以用下式表示：

$$\text{SessionP}_i = \sum_{j=1}^{|N|} P_{ij} \cdot \text{Pin}_j \leqslant \text{Pin}_{\max}, \ \forall i \in N \tag{5-44}$$

其中，Pin_j表示晶片j所需要的测试引脚数。

与此同时，使用总的 TSV 数目不能超过可用 TSV 的最大值 TSV_{max}，可以用下式表示：

$$TSV_{used}=\sum_{i=2}^{|N|}\{\max_{k=i}^{|N|}\{Pin_k,\ \sum_{j=k}^{|N|}P_{kj}Pin_j\}\}\leqslant TSV_{max} \tag{5-45}$$

式(5-45)可以这样解释：连接第 i 层和第 $i-1$ 层的 TSV 数目，等于第 i 层或第 i 层以上的晶片所需测试引脚数和第 i 层或第 i 层以上并行测试晶片所需测试引脚数两者之间的最大值。

因此，采用硬晶片的三维堆叠 SoC 测试规划可以用下式表示：

$$\begin{cases}\text{Minimize}\sum_{i=1}^{|N|}PL_i(\max_{i=1}^{|N|}\{P_{ij}T_j\})\\ \text{s. t.}\ \sum_{j=1}^{|N|}P_{ij}Pin_j\leqslant Pin_{max},\ \forall i\in N\\ \sum_{i=2}^{|N|}\{\max_{k=i}^{|N|}\{Pin_k,\ \sum_{j=k}^{|N|}P_{kj}Pin_j\}\}\leqslant TSV_{max}\end{cases} \tag{5-46}$$

基于 HGWO 的三维堆叠 SoC 测试规划算法描述：

(1) 初始化硬晶片的数目 M，根据表 5.7 设置各个硬晶片的测试时间和所需测试引脚数，根据 M 的值设置问题的规模 d，设置缩放因子 F，设置交叉概率 Pc，设置种群规模 NP 以及设置最大迭代次数 MaxG。

(2) 根据式(5-18)在可行域内分别随机生成父灰狼种群，变异灰狼种群和子灰狼种群。

(3) 初始化 a、$\boldsymbol{A}$ 和 $\boldsymbol{C}$。

(4) 根据式(5-43)计算父灰狼种群中每一个个体的目标函数值。

(5) 将父灰狼种群按照目标函数值非递减排序，将最优个体设定为 Alpha，第二优个体定义为 Beta，第三优个体定义为 Delta。

(6) 对父灰狼种群中每一个个体采用式(5-11)更新位置。

(7) 根据式(5-13)获得变异灰狼种群，根据式(5-14)获得子灰狼种群。

(8) 对于父灰狼种群中每一个待选解，如果子灰狼种群相应待选解的目标函数值比父灰狼种群待选解的目标函数值小，就采纳该子灰狼种群的待选解替代父灰狼种群相应的待选解；否则，保持不变。

(9) 到达 MaxG，采用式(5-3)、式(5-4)和式(5-12)分别更新 $\boldsymbol{A}$、$\boldsymbol{C}$ 和 a。

(10) 到达 MaxG，将父灰狼种群按照目标函数值非递减排序，更新 Alpha、Beta 和 Delta。

(11) 到达 MaxG，迭代代数到达 MaxG 否，没有达到则转 Step(6)。

(12) 到达 MaxG，返回最优解 Alpha 及 Alpha 的目标函数值。

5.6 实验结果与分析

采用ITC'02 SoC测试标准电路，我们堆叠构成三维集成电路，采用的SoC分别为f2126、d695、p22810、p34392和p93791。这些硬晶片的参数如表5.7，这些参数来自参考文献[54]。

表5.7 硬晶片的测试时间和测试引脚参数

晶片	d695	f2126	p22810	p34392	p93791
Test length	96297	669329	651281	1384949	1947063
Test pins	15	20	25	25	30

本次实验采用了两个堆叠集成电路SIC1由10个硬晶片组成，从上到下的顺序依次是d695、d695、f2126、f2126、p22810、p22810、p34392、p34392、p93791和p93791。SIC2由10个硬晶片组成，从上到下的顺序依次是p93791、p93791、p34392、p34392、p22810、p22810、f2126、f2126、d695和d695。

HGWO算法的参数配置：缩放因子$F=0.5$，交叉概率Pc = 0.2，种群规模psize = 30，最大迭代次数Max_iteration = 500。

GWO算法的参数配置：种群规模psize = 30，最大迭代次数Max_iteration = 500。

DE算法的参数配置：缩放因子$F=0.5$，交叉概率Pc = 0.2，种群规模psize = 30，最大迭代次数Max_iteration = 500。

PSO算法的参数配置：种群规模psize = 30，最大迭代次数Max_iteration = 500，Vmax = 6，Wmax = 0.9，Wmin = 0.2，$c_1=2$，$c_2=2$。

SIC1和SIC2的实验结果分别见表5.8和表5.9。

表5.8 SIC1实验结果

Pin_{max}	TSV_{max}	Test length			
		HGWO	GWO	PSO	DE
230	200	7550775	7550775	8846557	7550775
230	210	7550775	8112889	8112889	7550775
230	220	6881446	7443560	7454478	7443560
230	230	6165826	6165826	6165826	6165826
230	240	6069529	6165826	6165826	6165826

续表

Pin_{max}	TSV_{max}	Test length			
		HGWO	GWO	PSO	DE
230	250	5496497	5514545	6069529	5496497
230	260	5496497	5496497	6069529	5496497
230	270	5496497	5496497	5496497	5496497
230	280	4780877	5400200	5418248	5418248
230	290	4780877	4845216	4780877	4780877
230	300	4730871	4730871	4780877	4730871
230	310	4193935	4730871	4730871	4193935
230	320	4129596	4129596	4175887	4175887
230	330	4033299	4033299	4129596	4033299
230	340	3478315	3478315	3918954	3478315
230	350	3478315	3478315	4097638	3478315
230	360	3460267	3460267	4097638	3460267
230	370	3363970	3363970	3478315	3363970
230	380	3363970	3363970	3363970	3363970
230	390	3363970	3363970	3363970	3363970
230	400	3363970	3363970	3363970	3363970
230	410	3285721	3363970	3363970	3363970
230	420	3267673	3267673	3285721	3285721
230	430	2808986	3267673	3267673	2808986
230	440	2808986	2808986	2808986	2808986
230	450	2808986	2808986	2808986	2808986
230	460	2712689	2712689	2808986	2712689
230	470	2694641	2694641	2694641	2694641
230	480	2694641	2694641	2694641	2694641
230	490	2694641	2694641	2694641	2694641

每一种算法独立允许 30 次，每一种算法的最佳解如表 5.8 和表 5.9。

实验结果表 5.8 表明，HGWO 算法相比 GWO 算法，有 9 次获得更短的测试时间(时钟周期数)。HGWO 算法相比 PSO 算法，有 19 次获得更短的测试时间。HGWO 算法相比 DE

算法，有 6 次获得更短的测试时间。

表 5.9　SIC2 实验结果(N/A 表示没有)

Pin_{max}	TSV_{max}	Test length			
		HGWO	GWO	PSO	DE
230	200 ~ 260	N/A	N/A	N/A	N/A
230	270	9401541	9401541	N/A	9401541
230	280	9305244	9401541	9401541	9305244
230	290	8635915	8732212	8635915	8635915
230	300	8635915	8750260	8635915	8635915
230	310	8635915	8653963	8635915	8635915
230	320	7966586	7966586	7984634	7966586
230	330	7966586	7966586	7966586	7966586
230	340	7966586	7966586	7966586	7966586
230	350	7315305	7315305	7315305	7315305
230	360	7315305	7315305	7315305	7315305
230	370	6760321	6760321	7315305	6760321
230	380	6760321	7315305	7315305	6760321
230	390	6026653	6026653	6581637	6026653
230	400	6026653	6026653	6599685	6026653
230	410	5930356	5948404	5948404	5948404
230	420	5930356	5930356	5948404	5948404
230	430	5930356	5930356	5930356	5930356
230	440	5930356	5930356	5930356	5930356
230	450	5214736	5329081	5930356	5329081
230	460	5214736	5930356	5930356	5214736
230	470	5214736	5232784	5232784	5214736
230	480	5214736	5214736	5214736	5214736
230	490	5214736	5214736	5214736	5214736

实验结果表 5.9 表明，HGWO 算法相比 GWO 算法，有 9 次获得更短的测试时间(时钟周期数)。HGWO 算法相比 PSO 算法，有 11 次获得更短的测试时间。HGWO 算法相比 DE 算法，有 3 次获得更短的测试时间。

总的来说，实验结果表明了 HGWO 算法的优越性。

第 6 章　主要成果及后续研究

6.1　主要成果

本书涉及的主要成果和创新点如下：

(1) 对扫描链的平衡设计进行了优化方法研究。确定了扫描链平衡设计的问题描述，分析了最佳拟合递减(BFD，Best Fit Decreasing) 算法、均值逼近(MVA，Mean Value Approximation) 算法和均值允许余量(MVAR，Mean Value Allowance Residue) 算法等主要算法存在的问题。提出了采用基于生物地理进化(BBO，Biogeography Based Optimization) 算法的扫描链平衡设计方法，在设置最大迁出速率、最大迁入速率、最大变异概率、种群规模、最大迭代代数，待选解的维数和 Wrapper 扫描链的条数之后，通过实施迁徙操作和变异操作，在最大迭代次数范围内实现 Wrapper 扫描链平衡设计，使得 Wrapper 扫描链均衡化，从而达到 IP 核测试时间最小化的目的。BBO 算法选取 ITC'02 (International Test Conference 2002) 测试标准电路集中的典型 IP 核作为实验对象，实验结果表明 BBO 算法相比 BFD 等算法，能够进一步减少最长 Wrapper 扫描链的长度，从而减少 IP 核的测试时间。

(2) 研究了一种采用收敛速率的 BBO 算法复杂度分析方法，并针对 Wrapper 扫描链设计该 NP hard 问题的首次到达目标子空间的期望下界进行了理论分析。由于 BBO 算法起源于自然界的生物迁徙等机制，包含了复杂的随机行为，因此其理论分析非常困难，而且严格的理论基础还比较缺乏。证明了 BBO 算法中的种群序列是吸引马尔科夫链，并对 BBO 算法的收敛性进行了分析。目前还没有报道 BBO 算法针对扫描链平衡设计该 NP hard 问题的复杂度下界的理论分析手段和方法。通过揭示 BBO 算法的收敛速率与首次到达目标子空间的期望两者之间的相互关系，确定了 BBO 算法的一种复杂度分析方法，为扫描链平衡设计优化问题提供了理论保障。

(3) 为了减少测试时间，提出了一种基于反向学习生物地理进化(OBBO，Opposition-based learning and Biogeography Based Optimization) 算法的随机优化方法。该方法将反向学习(OBL，Opposition Based Learning) 算子引入到 BBO 算法中，通过迁徙算子、OBL 算子和变异算子，实现最小化最长 Wrapper 扫描链，从而达到最小化测试时间的目的。实验结果表明了 OBBO 算法的有效性。

(4) 对三维IP核测试Wrapper扫描链设计进行了优化研究。建立了三维Wrapper扫描链设计的问题描述。证明了多目标Firefly算法(MOFA, Multi-Objective Firefly Algorithm)的种群序列是吸引马尔科夫链，并对多目标Firefly算法的收敛性进行了分析。分别提出了采用多目标差分算法和多目标Firefly算法的三维测试Wrapper扫描链设计方法，使得封装扫描链均衡化以及使用硅直通(TSV, Through Silicon Vias)资源最少，从而达到IP核测试时间最小化和TSV费用最少的目的。以ITC'02测试标准电路集中的典型IP核为实验对象，实验结果表明MOFA算法相比非支配排序遗传算法(NSGAⅡ, Nondominated Sorting Genetic Algorithm Ⅱ)，能够获得更好的Pareto最优解集。

(5) 研究了三维堆叠SoC的测试规划。确定了三维堆叠SoC的测试规划的问题描述。针对灰狼优化(GWO, Grey Wolf Optimization)算法在发起攻击行为的时候，容易陷入局部最优而停滞，而DE算法有很强的搜索能力，因此提出一种混合灰狼优化(HGWO, Hybridizing Grey Wolf Optimization)算法，在发起攻击行为的时候将DE算法集成到GWO算法中，用来更新灰狼Alpha、Beta和Delta的位置，从而使得GWO算法跳出停滞的局部最优。采用了广泛使用的单峰标准测试函数，多峰标准测试函数以及固定维数多峰标准测试函数共23个标准测试函数对HGWO算法进行测试。建立了三维堆叠SoC的测试规划的数学模型，提出了基于HGWO算法的三维堆叠SoC测试规划方法，实验结果表明了HGWO算法的优越性。

6.2 后续研究

三维堆叠集成技术的出现，使得针对三维堆叠集成电路的可测性设计成为一个研究热点。硅直通TSV的故障建模与检测是三维集成电路可测性设计中的一个关键问题。此外，由于三维集成电路的密度加大，使得散热成为一个关键问题。三维堆叠电路的散热模型是一个研究难题，已经引起了大量研究人员的兴趣。考虑热安全的三维堆叠集成电路的测试规划是另一个值得下一步研究的课题。由于传统的基于总线的测试访问机制已经难以适应大规模的测试访问数据传输任务，面向3D NoC(Network-on-Chip)的测试访问机制研究也成为新的研究热点。在3D NoC测试系统中，互连链路测试、路由器测试和资源节点测试等，都是具有挑战性的问题，下一步的工作将对这些问题进行研究。

此外，新兴研究的热点包括光片上网络[156-166]。光片上互联，具有更高的传输带宽，同时功耗更小。光片上互联中，光波导的低损耗和比特率透明度(Bit Rate Transparency)，还可以大大降低容性、阻性和信号完整性等方面的约束。此外硅-光集成技术及工艺的发展，使得高性能、低功耗和低时延的光片上网络成为可能。

以下就光片上网络待研究的课题进行一个初步的探讨，主要包括如下四个方面。

1. 光片上网络拓扑结构设计

光片上网络与传统的电片上网络不同，需要全新的设计思路。早期光片上网络拓扑结构主要是二维的，如一种高效通道的光片上网络Chameleon[167]结构，二维的Mesh结构[168]，Torus[169] 结构和二维的 Fat-tree[170] 结构。当前的研究发展趋势：通过在垂直方向引入硅通孔，实现二维光片上网络到三维光片上网络转变[171-172]。Zarkesh 设计了一种光电混合结构的光片上网络，电结构部分包括非常多个簇(Cluster)，每个 Cluster 内部采用金属互联，进行电信号的传输；Cluster 之间采用光波导进行互联，Cluster 之间实际上是采用光信号进行数据交换。采用光电混合结构的吞吐量相比采用 MESH 结构的吞吐量，可以得到很大的提高：如果时钟频率采用 1GHz，数据包设计为 64bits，IP 核的个数采用 64，那么它与 Mesh 结构相比，吞吐量最高能够提高 2.6 倍，而且能耗可以节约百分之四十五[173]。此外，Morris 也设计了一种三维光片上网络，它将所有的 IP 核分配到四个光层，每个光层都采用硅通孔相互连通，实现层级间的通信[174]。

2. 光片上网络 IP 核映射

光片上网络 IP 核映射主要研究的内容：根据应用特征图和网络结构特征图，将 IP 核通过恰当的映射算法分配到光片上网络的网络节点上。为了实现该目标，首先需要把处理器的任务抽象为通信任务图和通信矩阵。通信任务图的作用是具体化 IP 核与其关联的任务节点，通信矩阵则可以详细地说明各个 IP 核之间通信的任务量。

通信任务图可建模为通信模型的一个有向加权图 G(C, L)，有向加权图中的每一个圆形节点 $c_i(c_i \in C)$ 表示 IP 核，节点之间的有向线段 $l_{j,k}(l_{j,k} \in L,\ j \neq k)$ 表示节点上的 IP 核数据从 c_j 到 c_k 的传输方向，线段上的数字 $w_{j,k}$ 表示信息传输的带宽，数据传输单位为 Mb/s。此外，网络结构特征图也是一个有向图 T(R, P)，该有向图中的每一个节点 $r_i(r_i \in R)$ 表示可放置 IP 核的资源节点，每个资源节点之间的线段 $p_{j,k}(p_{j,k} \in P)$ 表示节点 p_j 与 p_k 之间的传输路径。将 IP 核通信任务图 G 映射到结构图 T 时规定 IP 核有向图的大小不能大于结构图。

GUO Lei 等首先设计了光片上网络热模型和信噪比模型，通过引入灾变遗传策略，将模拟退火算法演变为基于灾变策略的模拟退火映射算法，这大大提高了算法的搜索能力，同时大灾变策略还提高了算法的多样性，与传统的退火算法和遗传算法相比，能够得到更加优良的映射[175]。Kim 等为了在不同性能指标之间获得最佳平衡，如吞吐量、光信噪比和总能耗，提出了一种光片上网络快速拓扑生成和 IP 核映射方法[176]。为了研究温度对光片上网络可靠性的影响，Adbollahi 等提出了一种高性能应用映射平台 THAMON，它具有多核热感知的特点，通过合理的热管理来提高网络的性能，并且使得光片上网络的可靠性得到了提高[177]。

当前的研究没有考虑温度在三维光片上网络结构中对 IP 核映射的影响，而且 IP 核映射的效率有待进一步的提高。下一步的研究将考虑面向温度均衡的三维光片上网络映射。

3. 光片上网络路由算法设计

光片上网络中，通信节点之间由于采用了波分复用，可以在一对通信节点之间同时传输多个波长的光信号，这极大地提高了信道的利用效率。但是与此同时，波分复用也带来了串扰噪声，降低了系统的光信噪比，最终也必将影响系统的可靠性。为了提高传输光信号的信噪比，可以根据通信任务图设计与之匹配的光片上网络结构，也可以进行合理的波

长分配。此外，光片上网络路由算法的设计也是降低光信号之间串扰的行之有效的办法。

路由算法可以分为两大类，一类是确定性路由算法，第二类是自适应路由算法。对于第一类路由算法，其特点是通信时的路径是固定的，也就是说源节点到目的节点传输的路径是唯一固定的，与网络自身的状态没有任何关系。因此，确定性路由算法的缺点也很明显，即路由算法的性能严重依赖光片上网络链路的实际状况，如果链路中某个节点出现了故障或者阻塞情况，这必将严重影响到光片上网络的性能。第二类自适应路由算法的特点是没有确定的通信路径，它的通信路径往往取决于网络运行时的具体状况。此外，自适应路由算法的通信路径还与通信的目标函数有关。当目标为低延时通信时，自适应路由算法则选择时延最小的路径，当目标为高可靠通信时，自适应路由算法则选择串扰噪声最小的路径，此外还要考虑避免发生死锁的情况，因为这会造成网络因为等待资源空闲而产生的阻塞现象。

自适应维序路由算法虽然每一步都不断靠近目标节点，但因实际的网络路由中，网络的通信情况比较复杂，在通信链路中常常存在因通信流量大导致的信道阻塞，以及信道竞争，路由死锁，温漂损耗等诸多问题。因此在规划通信路径时，引入了错误路由机制，该机制可以根据网络运行状况自由选择信道。虽然给机制拓展了路径规划的解决思路，但同时也容易产生路由死锁的情况。为了解决路由死锁的问题，羊小苹等提出了最小损耗的路由算法[178]，该算法首先根据网络结构和节点所在的位置，确定任意两个通信节点所经过的路由器，然后依据路由的维度生成路由器输出端口集合。

当前的光片上网络路由大多采用经典的维序路由，虽然该算法实现过程简单和路由路径可预测性比较高，但由于其路由路径相对固定不变，很容易造成网络阻塞和信道竞争比较激烈等问题。因此光片上网络路由算法的研究新趋势必然是智能自适应路由方向，可以解决路由死锁和网络阻塞等问题，同时也可以考虑温度对光片上网络的影响。

4. 光片上网络故障容错

随着特征尺寸的不断缩小，基于传统 NoC 结构的 SoC 在带宽密度、功耗、时延等方面出现了新的瓶颈[179-186]。当需要高带宽、低功耗和低时延的全局传输时，挑战尤为突出。由于纳米光电子器件研究获得了突破性进展，片上光互联已成为电子、通信、计算机多学科交叉的研究前沿与热点。但是，PNOC 中的关键光设备微环谐振器(MRR，Micro-Ring Resonators) 的尺寸非常小(2 μm 至 10 μm)，且对制程漂移(PV，Process Variations) 较为敏感，容易产生制程偏差，从而造成制造缺陷；MRR 对温度的波动非常敏感，当 PNOC 中存在着较大的温度梯度时，MRR 经常容易产生蓝移(blue shift) 或者红移(red shift) 故障；此外 MRR 长期在温度梯度大的环境下运行也加速了其老化进程，从而容易发生老化故障。单个 MRR 的故障，会导致所需传输的信息误传，甚至丢失。而这将导致 PNOC 的性能和可靠性急剧下降，甚至完全瘫痪，提高 PNOC 性能和可靠性的需要迫在眉睫。作者在国家留学基金管理委员会的资助下(201508455020)，已经完成到美国 Texas A&M University 为期一年的访问学者任务，主要研究光片上网络故障建模与故障检测研究，获得了广西自然科学基金联合培育项目的立项。相信未来的十年，能够在光片上网络故障检测方面获得比较多的科研成果。

参考文献

[1] MOORE G. Progress in digital integrated Electronics. International Electron Device Meeting Tech (IEDM)[M]. Digest, 1975: 11 - 13.

[2] TABBSRAB. Architecture optimization and co - design of embedded system[M]. USA: Kluwer Academic Publishers, 2000: 38 - 52.

[3] International Technology Roadmap for Semiconductors[EB]. Available: http://www.itrs.net.

[4] 俞洋.系统芯片测试优化关键技术研究[D].哈尔滨：哈尔滨工业大学博士学位论文，2008：1 - 10.

[5] 许川佩，胡红波.基于量子粒子群算法的 SoC 测试调度优化研究[J].仪器仪表学报，2011，32(1)：113 - 119.

[6] TAN E M, SONG S D, ZHAN Y. Weighted test generator in built - in self - test design based on genetic algorithm and cellular automata[C]. International Conference on Electronic Measurement & Instruments, 2011: 134 - 138.

[7] SHANG Y L, LI Y S. A new high - speed interconnect crosstalk fault model and compression for test space[J]. Wseas Transactions on Communications, 2008, 7(6): 647 - 652.

[8] MARINISSEN E J, GOEL S K, LOUSBERG M. Wrapper design for embedded core test[C]. IEEE International Test Conference, 2000: 911 - 920.

[9] IYENGAR V, CHAKRABARTY K, MARINISSEN E J. Test wrapper and test access mechanism co - optimization for System - on - Chip[J]. Journal of Electronic Testing: Theory and Applications, 2002, 18(2): 213 - 230.

[10] NIU D H, WANG H, YANG S Y, et al. Re - optimization algorithm for SoC wrapper - chain balance using mean - value approximation[J]. Tsinghua Science and Technology, 2007, 12(S1): 61 - 66.

[11] 俞洋，陈叶富，彭宇. 基于平均值余量的 Wrapper 扫描链平衡算法[J].仪器仪表学报，2011，32(10)：2290 - 2296.

[12] 邓立宝，乔立岩，俞洋，等. 基于差值二次分配的扫描链平衡算法[J].电子学报，2012，40(2)：338 - 343.

[13] 邓立宝. SoC 测试时间优化技术研究[D].哈尔滨：哈尔滨工业大学博士学位论文，2012：1 - 29.

[14] 易茂祥，梁华国，陈田. 基于最佳交换递减的芯核测试链平衡划分[J].电子测量与仪器学报，2009，23(4)：97 - 102.

[15] 王佳，张金艺，林峰，等. Wrapper 扫描链均衡与系统芯片测试调度的联合优化算法[J]. 上海大学学报(自然科学版)，2009，15(4)：336 - 341.

[16] 顾娟，崔小乐，尹亮，等. 基于混合仿生算法的 SoC 测试存取机制优化[J]. 深圳大学学报(理工版)，2010，27 (4)：428 - 432.

[17] 王永生，曹贝，肖立伊. 基于混合遗传算法的测试壳优化[C]. 第四届中国测试学术会议，北戴河：2006：226 - 232.

[18] NOIA B, CHAKRABARTY K. Test Wrapper optimisation for embedded cores in through - silicon via - based three dimensioal system on chips[J]. IET Computer and Digital Techniques, 2011, 5(3): 186 - 197.

[19] NOIA B, CHAKRABARTY K, XIE Y. Test-wrapper optimization for embedded cores in TSV - based Three - Dimensional SoCs[C]. IEEE International Conference on Computer Design, 2009: 70 - 77.

[20] WU X, CHEN Y B, CHAKRABARTY K, et al. Test - access mechanism optimization for core - based three - dimensional SoCs[J]. Microelectronics Journal, 2010, 41(10): 601 - 615.

[21] ROY S. K, GHOSH S, RAHAMAN H, et al. Test wrapper design for 3d system - on - chip using optimized number of tsvs[C]. IEEE International. Symposium on Electronic System Design, 2010: 197 - 202.

[22] ROY S K, GIRI C, GHOSH S, et al. Optimization of test wrapper for TSV based 3D SoCs[C]. IEEE International. Symposium on Electronic System Design, 2011: 188 - 193.

[23] ROY S K, GIRI C, GHOSH S, et al. Optimizing test wrapper for embedded cores using TSV based 3D SoCs[C]. IEEE Computer Society Annual Symposium on VLSI, 2011: 31 - 36.

[24] 俞洋，彭喜元，彭宇，等. 基于平均值浮动量的三维 IP 核的测试封装扫描链平衡方法：中国，201210278975.1[P]. 2012 - 08 - 07.

[25] CHENG Y Q, ZHANG L, HAN Y H, et al. Wrapper chain design for testing TSVs minimization in Circuit - Partitioned 3D SoC[C]. Asian Test Symposium, 2011: 181 - 186.

[26] CHENG Y Q, ZHANG L, HAN Y H, et al. TSV minimization for circuit - partitioned 3D SoC test wrapper design[J]. Journal of Computer Science and Technology, 2013, 28(1): 119 - 128.

[27] LEE H H S, CHAKRABARTY K. Test challenges for 3D integrated circuits[J]. IEEE Design & Test of Computers, 2009, 26(5):26 - 35.

[28] WU X, FALKENSTERN P, XIE Y. Scan chain design for three dimensional intergated circuit[C]. IEEE International Conference on Computer Design, 2007: 208 - 214.

[29] WU X, CHEN Y, CHAKRABARTY K, et al. Test access mechanism optimization for Core - based Three - dimensional SoCs[C]. IEEE International Conference on Computer Design, 2008: 212 - 218.

[30] JIANG L, HUANG L, XU Q. Test architecture design and optimization for Three - dimensional SoCs[C]. IEEE International Conference on Design, Automation and Test in Europe, 2009: 220 - 225.

[31] JIANG L, XU Q, CHAKRABARTY K, et al. Layout - driven test - architecture design and optimization for 3d socs under pre - bond test - pin - count constraint [C]. IEEE International Conference on Computer Design, 2009: 191 - 196.

[32] XIE Y, LOH G H, BLACK B, et al. Design Space Exploration for 3D Architectures [J]. ACM Journal of Emerging Technologies in Computing Systems (JETC), 2006, 2(2): 65 - 103.

[33] DAVIS W R, WILSON J, MICK S, et al. Demistifying 3D ICs: the Pros and Cons of Going Vertical[J]. IEEE Design and Test of Computers, 2005, 22(6): 498 - 510.

[34] AERTS J, MARINISSEN E J. Scan chain design for test time reduction in Core - based system chips[C]. IEEE International Test Conference, Washington DC, USA, 1998: 448 - 457.

[35] VARMA P, BHATIA S. A Structured test re - use methodology for core - based system chips[C]. IEEE International Test Conference, Washington DC, USA, 1998:294 - 302.

[36] MARINISSEN E J, ARENDSEN R, BOS G, et al. A structured and scalable mechanism for test access to embedded reusable cores[C]. IEEE International Test Conference. Washington DC, USA, 1998:284 - 293

[37] SEHGAL A, CHAKRABARTY K. Optimization of dual - Speed TAM architectures for efficient modular testing of SoCs[J]. IEEE Transactions on Computers. 2007, 56(1):120 - 133

[38] XU Q, NICOLICI N. Multifrequency TAM design for hierarchical SoCs[J]. IEEE Transactions on Computer - Aided Design of intergrated circuits and systems. 2006, 25(1):181 - 196.

[39] XU C P, LU X Y, HU C. TAM/Wrapper co - optimization and test scheduling for SoCs based on hybrid genetic algorithm[J]. Journal of Computers. 2010, 5(7): 1086 - 1093.

[40] IYENGAR V, CHANDRA A. Unified SoC test approach based on test data compression and TAM design[J]. IET Computer Digital Technology. 2005, 152(1): 82 - 88.

[41] CHI C C, MARINISSEN E J, GOEL S K, et al. Multi - Visit TAMs to reduce the Post - Bond test length of 2.5D - SICs with a passive silicon interposer base[C]. Asian Test Symposium, 2011: 451 - 456.

[42] IYENGAR V, CHAKRABARTY K, MARINISSEN E J. Test access mechanism optimization, test scheduling, and tester data volume reduction for System - on - Chip[J]. IEEE Tranaction. On Computers. 2003, 52(12):1619 - 1632.

[43] PAN Z L, CHEN L. Test scheduling method based on cellular genetic algorithm for system on chip[C]//Materials Science Forum. Switzerlcond: Trans Tech Publications Ltd, 2011: 670 - 673

[44] CHANDAN G, SOUMOJIT S, SANTANU C. A genetic algorithm based heuristic technique for power constrained test scheduling in core - based SoCs[C]//2007 IFIP International Conference on Very Large Scale Integration. United states: IEEE, 2007: 320 - 323.

[45] 邓立宝，俞洋，乔立岩，等. 一种灵活 TAM 总线分配的 SoC 测试调度方法[J]，仪器仪表学报，2011，32(6)：1238 - 1244.

[46] 杨军，罗岚. 基于 TCG 图和模拟退火算法的 SOC 测试调度[J]. 电路与系统学报，2006，11(5)：37 - 43.

[47] GUO P N, CHENG C K, YOSHIMURA T. An O - Tree representation of non - slicing floorplan and its applications[C]. Proc. DAC. United states: LosAngeles, 1999: 268 - 273.

[48] SHIH C J, HSU C Y, KUO C Y, et al. Thermal - aware test schedule and TAM co - optimization for three - dimensional IC[J]. The Scientific World Journal. 2012, 2012(12):1 - 10.

[49] HSU C Y, KUO C Y, LI J C M, et al. 3D IC Test scheduling using simulated annealing[C]. International Symposium on VLSI Design, Automation and Test, 2012:1 - 4.

[50] SENGUPTA B, INGELSSON U, LARSSON E. Scheduling tests for 3D stacked chips under power constraints[J]. Journal of Electronic Testing: Theory and Applications. 2012, 28(1):121 - 135.

[51] HUSSIN F A, YU T E C, YONEDA T. RedSoCs - 3D: thermal - safe test scheduling for 3D - Stacked SoC[C]. 2010 International Conference on Optical, Electronic and Electrical Materials, Kunming, 2010:264 - 267.

[52] MARINISSEN E J. Testing TSV - Based Three - Dimensional stacked ICs[C]. Proceedings of the Design Automation and Test in Europe, 2010: 1689 - 1694.

[53] MARINISSEN E J, VERBREE J, KONIJNENBURG M. A structured and scalable test access architecture for TSV - Based 3D Stacked ICs[C]. Proceedings of the VLSI Test Symposium, 2010: 269 - 274.

[54] NOIA B, CHAKRABARTY K, Goel S K, et al. Test - Architecture optimization and test scheduling for TSV - Based 3 - D stacked ICs[J]. IEEE Tranaction. On Computer - Aided Design of Integreated Circuits and Systems. 2011, 30(11):1705 - 1718.

[55] MARINISSEN E J, ZORIAN Y. Testing 3 - D chips containing through silicon vias [C]. IEEE International Test Conference, 2009: 1 - 11.

[56] NOIA B, CHAKRABARTY K, MARINISSEN E J. Optimization methods for post - bond die - internal/external testing in 3 - D stacked ICs[C]. IEEE International Test Conference, 2010: 1 - 9.

[57] DAS S, CHANDRAKASAN A, REIF R. Design tools for 3 - D integrated circuits [C]. IEEE ASP - DAC, 2003: 53 - 56.

[58] BLACK B, NELSON D W, WEBB C, et al. 3 - D processing technology and its impact on iA32 microprocessors[C]. Proc. ICCD, 2004: 316 - 318.

[59] LIU C C, GANUSOY I, BURTSCHER M, et al. Bridging the processor - memory performance gap with 3 - D IC technology[J]. IEEE Design Test Computer, 2005, 22(6): 556 - 564.

[60] KANG U, CHUNG H J, HEO S, et al. 8Gb 3 - D DDR3 DRAM using through - silicon - via technology[C]. Proc. ISSCC, 2009: 130 - 132.

[61] WEERASEKERA R, ZHENG L R, PAMUNUWA D, et al. Extending systems - on - chip to the third dimension: Performance, cost and technological tradeoffs[C]. International Conference Computer - Aided Design, 2007: 212 - 219.

[62] XIE Y, LOH G H, Bernstein K. Design space exploration for 3 - D architectures [J]. Journal of Emerging Technology Computer System. 2006, 22(6): 65 - 103.

[63] PANTH S, LIM S K. Scan chain and power delivery network synthesis for pre - bond test of 3 - D ICs[C]. IEEE VLSI Test Symposium, 2011: 26 - 31.

[64] LEWI D, LEE H H. A scan - island based design enabling prebond testability in die - stacked microprocessors[C]. IEEE International Test Conference, 2007: 1 - 8.

[65] ZHAO X, LEWIS D, LEE H H, et al. Pre - bond testable low - power clock tree design for 3 - D stacked ICs[C]. International Conference Computer - Aided Design, 2009: 184 - 190.

[66] JIANG L, LIU Y, DUAN L, et al. Modeling TSV open defects in 3 - D stacked DRAM[C]. IEEE International Test Conference, 2010: 1 - 9.

[67] DONG X, XIE Y. System - level cost analysis and design exploration for 3 - D ICs [C]. Proc. ASP - DAC, 2009: 234 - 241.

[68] AMORYA A M, LAZZARI C, LUBASZEWSKI M S. A new test scheduling algorithm based on Networks - on - Chip as Test Access Mechanisms[J]. Journal of Parallel and Distributed Computing. 2011, 71 (5): 675 - 686.

[69] AMORY A M, GOOSSENS K, MRINISSEN E J, et al. Wrapper design for the reuse of a network on chip or other functional interconnect as test access mechanism [J]. IET Computers & Digital Techniques. 2007, 1(3): 197 - 206.

[70] AMORY A M, LUBASZEWSKKI M S, MORAES F G. DfT for the reuse of networks - on - chip as test access mechanism [C]. 25th IEEE VLSI Test Symposium(VTS'07). United states: IEEE, 2007: 435 - 440.

[71] BERTOZZI D, BENINI L. Xpipes: a network - on - chip architecture for gigascale systems - on - chip[J]. IEEE Circuits and Systems Magazine. 2004, 4(2): 18 - 31.

[72] BJERREGAARD T, MAHADEVAN S. A survey of research and practices of network - on - chip[J]. ACM Computing Surveys. 2006, 38 (1): 1 - 8.

[73] CARARA E A, OLIVEIRA R P, CALAZANS N L V, et al. HeMPS - a framework for NoC - based MPSoC generation[C]. Proc. ISCAS, 2009: 1345 - 1348.

[74] COTA E, LIU C. Constraint - driven test scheduling for NoC - based system[J]. IEEE Transactions on CAD of Integrated Circuits and Systems. 2006, 25 (11): 2465 - 2478.

[75] DALMASO J, FLOTTES E C M L, ROUZEYRE B. Improving the test of NoC based SoCs with help of compression schemes[C]. Symposium on VLSI, 2008: 139 - 144.

[76] LIU C. Testing hierarchical network - on - chip systems with hard cores using bandwidth matching and on - chip variable clocking[C]. ATS, 2006: 431 - 436.

[77] LIU C, COTA E, SHARIF H D, et al. Test scheduling for network - on - chip with BIST and precedence constraints[C]. IEEE International Test Conference, 2004: 1369 - 1378.

[78] LIU C, IYENGAR V. Test scheduling with thermal optimization for network-on - chip systems using variable - rate on - chip clocking[C]. Proc. DATE, 2006: 652 - 657.

[79] LIU C, IYENGAR V, PRADHAN K. Thermal - aware testing of network - on - chip using multiple clocking[C]. Proc. VTS, 2006: 46 - 51.

[80] LIU C, IYENGAR V, COTA J S E. Power - aware test scheduling in network - on - chip using variable - rate on - chip clocking[C]. Proc. VTS, 2005: 349 - 354.

[81] LIU C, LINK Z, PRADHAN K. Reuse - based test access and integrated test scheduling for network - on - chip systems[C]. Proc. DATE, 2006: 303 - 308.

[82] NOLEN J M, MAHAPATRA R N. Time - division - multiplexed test delivery for NoC systems[J]. IEEE Design and Test of Computers. 2008, 25 (1): 44 - 51.

[83] YAUN F, HUANG L, XU Q. Re - examining the use of network - on - chip as test access mechanism[C]. Proc. DATE, 2008: 808 - 811.

[84] MILLICAN S K, SALUJA K K. Linear programming formulations for thermal - aware test scheduling of 3D - stacked integrated circuits[C]. IEEE 21st Asian Test Symposium, 2012: 37 - 42.

[85] CONG J, GUOJIE L, YIYU S. Thermal - aware cell and through silicon via co - placement for 3D ICs [C]. IEEE Design Automation Conference, 2011: 670 - 675.

[86] CHEN Y, KURSUN E, MOTSCHMAN D, et al. Analysis and mitigation of lateral thermal blockage effect of through - silicon - via in 3D IC designs[C]. IEEE International Symposium on Low Power Electronics and Design, 2011: 397 - 402.

[87] GHOSAL P, RAHAMAN H, DASGUPTA P. Thermal aware placement in 3D ICs [C]. 2010 International Conference on Advances in Recent Technologies in Communication and Computing, 2010: 66 - 70.

[88] JIANG L, XU Q, CHAKRABARTY K, et al. Integrated test - architecture optimization and thermal - aware test scheduling for 3 - D SoCs under pre - bond test - pin - count constraint[J]. IEEE Transactions on Very Large Scale Integration (VLSI) Systems. 2012, 20 (9): 1621 - 1633.

[89] CONG J, WEI J, ZHANG Y. A thermal - driven floor planning algorithm for 3 - D ICs[C]. IEEE/ACM International Conference Computer - Aided Design, 2004: 306 - 313.

[90] NOIA B, GOEL S K, CHAKRABARTY K, et al. Test - architecture optimization for TSV - based 3 - D stacked ICs[C]. IEEE Europe Test Symposium, 2010: 24 - 29.

[91] GOEL S K, MARINISSEN E J. SoC test architecture design for efficient utilization of test bandwidth[J]. ACM Transaction. Design Automation Electron System, 2003, 8(4): 399 - 429.

[92] XU Q, NICOLICI N. Wrapper design for testing IP cores with multiple clock domains[C]. IEEE/ACM Design, Automation Test Europe, 2004: 416 - 421.

[93] GOEL S K, MARINISSEN E J. Layout - driven SoC test architecture design for test time and wire length minimization[C]. Design, Automation Test Europe Conference, 2003: 738 - 743.

[94] YU T E, YONEDA T, CHAKRABARTY K, et al. Test infrastructure design for core - based system - on - chip under cycle - accurate thermal constraints[C]//Asia South Pacific Design Automation Conferece. United states: IEEE, 2009: 793 - 798.

[95] YU T E, YONEDA T, CHAKRABARTY K, et al. Thermal - safe test access mechanism and wrapper co - optimization for system - on-chip[C]//16th Asian Test Symposium(ATS 2007). United states: IEEE, 2007: 187 - 192.

[96] 王义.集成电路低功耗内建自测试技术的研究[D].贵州：贵州大学博士学位论文，2009：1 - 26.

[97] 张金艺.可重构 SoC DFT 架构与 TLB 测试调度策略研究[D]. 上海：上海大学博士学位论文，2009：1 - 15.

[98] 曹贝.SoC 低功耗测试技术和温度意识测试规划研究[D]. 哈尔滨：哈尔滨工业大学博士学位论文，2010：1 - 23.

[99] 张弘.面向系统芯片测试的设计优化技术研究[D]. 西安：西安电子科技大学博士学位论文，2004：1 - 11.

[100] 陆思安.可复用 IP 核以及系统芯片 SOC 的测试结构研究[D]. 杭州：浙江大学博士学位论文，2003：1 - 17.

[101] 王永生.系统级芯片 SoC 可测试性结构及其优化的研究[D]. 哈尔滨：哈尔滨工业大学博士学位论文，2006：1 - 21.

[102] 邵晶波. SoC 测试资源优化方法研究[D]. 哈尔滨：哈尔滨工程大学博士学位论文，2008：1 - 10.

[103] 徐磊.基于 SoC 架构的可测性设计方法学研究[D].北京：清华大学博士学位论文，2002：1 - 22.

[104] ZORIAN Y, MARINISSEN E J, DEY S. Testing embedded - core based system chips[C]. Proceedings International Test Conference. 1998(IEEE Cat. No. 98CH36270). United states: IEEE, 1998: 130 - 143.

[105] 王厚军. 可测性设计技术的回归和发展综述[J]. 中国科技论文在线. 2008，3(1)：52 - 58.

[106] IEEE Std. 1149. 1. IEEE Standard Test Access Port and Boundary - scan Architecture[S]. NewYork: IEEE Press, 2001.

[107] CHENG K T, AGRAWAL V D. A partial scan method for sequential circuits with Feedback[J]. IEEE Transaction On Computers. 1990, 39(4): 544 - 548.

[108] NIERMANN T M, PATEL J H. HITEC: A test generation package for sequential circuits[C]//Proceedings of the European Conference on Design Automation. United States: IEEE, 1991: 214 - 218.

[109] IEEE Std. 1500. IEEE Standard Testability method for Embedded Core - based

Integrated Circuits[S]. NewYork：IEEE Press，2005.

[110] SILVA F D，MCLAURIN T，WAAYERS T. The Core Test Wrapper Handbook：Rationale and Application of IEEE Std. 1500[M]. Berlin：Springer Science & Business Media，2005：135－145.

[111] MARINISSEN E J，IENGAR V，CHAKRABARTY K. A set of benchmarks for modular testing of SoCs[C]//International Test Conference. USA：IEEE，2002：519－528.

[112] MARINISSEN E J，KUMAR G S，MAURICE L. Wrapper design for embedded core test[C]//Proceedings International Test Conference 2000 (IEEE Cat. No. 00CH37159)，USA：IEEE，2000：911－920.

[113] 俞扬. 演化计算理论分析与学习算法研究［D］. 南京：南京大学博士学位论文，2011：1－51.

[114] WALLACE A. The geographical distribution of animals(Two Volumes)[M]. Boston，MA：Adamant Media Corporation，2005:1－26.

[115] DARWIN C. The Origin of Species[M]. New York：Gramercy，1995:12－36.

[116] MACARTHUR R，WILSON E. The Theory of Biogeography[M]. Princeton，NJ：Princeton University Press，1967:6－29.

[117] SIMON D. Biogeography－based optimization[J]. IEEE Transaction Evolutoinary Computation，2008，12(6):702－713.

[118] LI X T，YIN M H. Hybrid differential evolution with biogeography－based optimization for design of a reconfigurable antenna array with discrete Phase shifters [J]. International Journal of Antennas and Propagation，2011:1－12.

[119] WANG L，XU Y. An effective hybrid biogeography－based optimization algorithm for parameter estimation of chaotic systems[J]. Expert Systems with Applications，38 (12)：15103－15109.

[120] LI X T，WANG J Y，ZHOU J P，et al. A perturb biogeography based optimization with mutation for global numerical optimization [J]. Applied Mathematics and Computation，218 (2)：598－609.

[121] SUZUKI J. A Markov chain analysis on simple genetic algorithms[J]. IEEE Transactions on Systems，Man and Cybernetics，1995，25(4):655－659.

[122] SIMON D. A dynamic system model of biogeography－based optimization[J]. Applied Soft Computing，2011，11(4)：5652－5661.

[123] SIMON D. Analytical and numerical comparisons of biogeography－based optimization and genetic algorithms[J]. Information Sciences，2011，181(12)：1224－1248.

[124] SIMON D. Markov models for biogeography－based optimization[J]. IEEE

Transactions on Systems, Man and Cybernetics 2011, 41(1): 299 - 306.

[125] HE J, YAO X. Drift analysis and average time complexity of evolutionary algorithms[J]. Artificial Intelligence, 2001, 127(1):57 - 85.

[126] 段海滨，张祥银，徐春芳. 仿生智能计算[M]. 北京：科学出版社，2011:1 - 118.

[127] SHABRYAR R, HAMID R T. Opposition - based differential evolution[J]. IEEE Transactions on Evolutionary Computation, 2008, 12(1): 64 - 78.

[128] STORN R. System design by constraint adaptation and differential evolution[J]. IEEE Transactions on Evolutionary Computation, 1999, 3(1): 22 - 34.

[129] SHARMA H. Fitness based differential evolution[J]. Memetic Computing, 2012, 4(4): 303 - 316.

[130] CARBAJAL G V H. Optimizing the positive lyapunov exponent in multi - scroll chaotic oscillators with differential evolution algorithm[J]. Applied Mathematics and Computation, 2013, 219(15): 8163 - 8168.

[131] SUBUDHI B, JENA D. A differential evolution based neural network approach to nonlinear system identification[J]. Applied Soft Computing Journal, 2011, 11(1): 861 - 871.

[132] 杨启文，蔡亮，薛云灿. 差分进化算法综述[J]. 模式识别与人工智能，2008，21(4): 506 - 513.

[133] WOLPERT D H, MACREADY W G. No free lunch theorems for optimization [J]. IEEE Transactions on Evolutionary Computation, 1997, 1(1): 67 - 82.

[134] ROY S K, GIRI C, MUKHERJEE S, et al. Optimizing test architecture for TSV based 3D stacked ICs using hard SoCs[C]. 2011 International Symposium on Electronic System Design, 2011: 230 - 235.

[135] YANG X S. Firefly algorithms for multimodal optimization[C]. International Symposium on Stochastic Algorithms Foundations and Applications, 2009: 169 - 178.

[136] YANG X S, HOSSEINI S, GANDOMI A H. Firefly algorithm for solving non - convex economic dispatch problems with valve loading effect[J]. Applied Soft Computing Journal, 2012, 12(3): 1180 - 1186.

[137] GANDOMI A H, YANG X S, ALAVI A H. Mixed variable structural optimization using Firefly algorithm[J]. Computers and Structures, 2011, 89(23 - 24): 2325 - 2336.

[138] SENTHILNATH J, OMKAR S N, MANI V. Clustering using firefly algorithm: Performance study[J]. Swarm and Evolutionary Computation, 2011, 1(3): 164 - 171.

[139] GANDOMI A H, YANG X S, ALAVI A H, et al. Firefly algorithm with chaos

[J]. Communications in Nonlinear Science and Numerical Simulation, 2013, 18(1): 89 - 98.

[140] ZITZLER E, THIELE L, LAUMANNS M, et al. Performance assessment of multi - objective optimizers: an analysis and review [J]. IEEE Transactions on Evolutionary Computation, 2003, 7(2): 117 - 132.

[141] DEB K, PRATAP A, AGARWAL S, et al. A fast and elitist multi - objective genetic algorithm NSGA - II [J]. IEEE Transactions on Evolutionary Computation, 2002, 6(2): 182 - 197.

[142] MIRJALILI S, MIRJALILI S M, LEWIS A. Grey wolf optimizer[J]. Advances in Engineering Software, 2014, 69(3): 46 - 61.

[143] MATTHEW C M, VUCETICH J A. Effect of sociality and season on gray wolf foraging behavior[J]. Plos One, 2011, 6(3): 1 - 10.

[144] MURO C, ESCOBEDO R, SPECTOR L, et al. Wolf - pack (Canis lupus) hunting strategies emerge from simple rules in computational simulations[J]. Behavioral Processes, 2011, 88(3): 192 - 197.

[145] YAO X, LIU Y, LIN G. Evolutionary programming made faster[J]. IEEE Transactions on Evolutionary Computation, 1999, 3(2): 82 - 102.

[146] DIGALAKIS J, MARGARITIS K. On benchmarking functions for genetic algorithms[J]. International Journal of Computer Mathematics, 2001, 77(4): 481 - 506.

[147] GAVIANO M, LERA D. Test functions with variable attraction regions for global optimization problems[J]. Journal of Global Optimization, 1998, 13(2): 207 - 233.

[148] JAMIL M, YANG X S. A literature survey of benchmark functions for global optimisation problems[J]. International Journal of Mathematical Modelling and Numerical Optimization, 2013, 4(2): 150 - 194.

[149] MIRJALILI S, LEWIS A. S - shaped versus V - shaped transfer functions for binary particle swarm optimization[J]. Swarm and Evolutionary Computation, 2013, 9(4): 1 - 14.

[150] MIRJALILI S, MIRJALILI S M, YANG X S. Binary bat algorithm[J]. Neural Computing and Applications, 2014, 25(3): 663 - 681.

[151] VONHOLDT B M, STAHLER D R, BANGS E E. A novel assessment of population structure and gene flow in grey wolf populations of the Northern Rocky Mountains of the United States[J]. Molecular Ecology, 2010, 19(20): 4412 - 4427.

[152] MATTHEW C M, VUCETICH J A. Effect of sociality and season on gray wolf

foraging behavior[J]. Plos One, 2011, 6(3): 1 - 10.

[153] VUCETICH J A, PETERSON R O, WAITE T A. Raven scavenging favours group foraging in wolves[J]. Animal Behavior, 2004, 67(6): 1117 - 1126.

[154] 王伟，李欣，陈田，等. 基于扫描链平衡的 3D SoC 测试优化方法[J]. 电子测量与仪器学报，2012，26(7)：586 - 590.

[155] MARIAPPAN K M, THIRUMOORTHY P, YANG X S. A Discrete firefly algorithm for the multi - objective hybrid flow shop scheduling problems [J]. IEEE Transactions on Evolutionary Computation, 2014, 18(2): 301 - 305.

[156] 朱爱军，陈端勇，许川佩，等. 光片上网络 MRR 故障检测方法研究[J]. 电子测量与仪器学报，2017，31(8)：40 - 46

[157] 朱爱军，彭端勇，胡聪，等. PNoC 中 MRR 故障检测装置及方法：中国，201710137144.5[P]. 2017 - 03 - 09.

[158] GU H X, XU J, WANG Z. A low - power low - cost optical router for optical networks - on - chip[C]//in multiprocessor systems - on - chip[C]//2009 IEEE Computer Society Annual Symposium on VLSI. USA: IEEE, 2009:19 - 24.

[159] CHEN Y W , ZHANG H B, LIU F Y, et al. An optimization framework for routing on optical network - on - chips (ONoC) from a Networking Perspective [C]//2015 IEEE International Conference on Signal Processing, Communications and Computing(ICSPCC). USA: IEEE, 2015:1 - 5.

[160] WU R, CHEN Ch H, LI C. Variation - aware adaptive tuning for nanophotonic interconnects[C]//2015 IEEE/ACM International Conference on Computer - Aided Design (ICCAD). USA:IEEE, 2015: 487 - 493.

[161] MA X, YU J Y, HUA X C, et al. LioeSim: A network simulator for hybrid opto - electronic networks - on - chip Analysis[J]. Journal of Lightwave Technology. 2014, 32(22): 4301 - 4310.

[162] WANG J H, LI B L, Feng Q Y. et al. A Hierarchical Butterfly - based Photonic Network - on - Chip[C]//Proceedings of 2012 2nd International Conference on Computer Science and Network Technology. USA: IEEE, 2012: 1978 - 1981.

[163] LI C T, ZHENG C T, ZHENG Y. et al. Topology and investigation of a polymer 8 - port optical router with scalable 7N channel wavelengths using N - stage cascadings structure[J]. Optics Communications, 2015, 339: 94 - 107

[164] TAN X F, YANG M , ZHANG L, et al. A hybrid optoelectronic Networks - on - Chip architecture[J]. Journal of Lightwave Technology, 2014, 32(5): 991 - 998.

[165] XIE Y Y, XU W H, ZHAO W L, et al. Performance optimization and evaluation

for torus - Based Optical Networks - on - Chip [J]. Journal of Lightwave Technology, 2015, 33(18): 3858 - 3865.

[166] GUO P X, HOU W G, GUO L. Designs of low insertion loss optical router and reliable routing for 3D optical network - on - chip[J]. Sci. China Inf. Sci., 2016, 59(10): 1 - 17

[167] LE BEUX S, LI H, O'CONNOR I, et al. Chameleon: Channel efficient optical network - on - chip[C]// Design, Automation & Test in Europe Conference & Exhibition(DATE). Dresden: IEEE, 2014: 1 - 6.

[168] BJERREGAARD T, MAHADEVAN S. A survey of research and practices of Network - on - chip[J]. ACM Computing Surveys, 2006, 38(1): 1 - 51.

[169] 张媛媛，林世俊，苏厉，等. 三维片上网络中 torus 与 mesh 拓扑结构的性能评估[J]. 清华大学学报(自然科学版)，2011，51(12)：1777 - 1781.

[170] LEISERSON C E. Fat Trees: universal networks for hardware efficient super computing [J]. IEEE Trans on Computer, 1985, 34(10): 892 - 901.

[171] 张军. 3D 片上光互连系统设计与仿真[D]. 西安：西安电子科技大学，2011.

[172] 谭伟. 三维光电混合片上网络架构研究[D]. 西安：西安电子科技大学，2018.

[173] ZARKESH - HA P, BAZERRA G B P, FORREST S, et al. Hybrid network on chip (HNoC): Local buses with a global mesh architecture[C]//Proceedings of the 12th ACM/IEEE international workshop on System level interconnect prediction, 2010. Anaheim: IEEE, 2010: 9 - 14.

[174] MORRIS R W, KODI A K, LOURI A, et al. Three - dimensional stacked Nano - photonic Network - on - Chip architecture with minimal reconfiguration[J]. IEEE Transactions on Computers, 2014, 63(1): 243 - 255.

[175] GUO L, GE Y, HOU W, et al. A novel IP - core mapping algorithm in reliable 3D optical network - on - chips[J]. Optical Switching and Networking, 2018, 27: 50 - 57.

[176] KIM Y W, CHOI S H, HAN T H. Rapid topology generation and core mapping of optical Network - on - Chip for Heterogeneous Computing Platform[J]. IEEE Access, 2021, 9:110359 - 110370.

[177] ABDOLLAHI M, FIROUZABADI Y, DEHGHANI F, et al. THAMON: thermal - aware high - performance application mapping onto Opto - electrical network - on - chip[J]. Journal of Systems Architecture, 2021, 121: 102315.

[178] 羊小苹. 基于最小损耗路由算法的片上光网络的物理特性分析与优化[D]. 重庆：西南大学，2021.

[179] 胡聪，贾梦怡，许川佩，等. 基于时间 Petri 网和 THBA 的 3D NoC 测试规划[J].

仪器仪表学报，2018，39(1)：234－242.

[180] HESAM S，ARMAN R. Loss－Aware switch design and Non－Blocking Detection Algorithm for Intra－Chip Scale Photonic Interconnection Networks[J]. IEEE Transactions on computers 2016，65(6)：1789－1801.

[181] 朱爱军，李智，许川佩. 三维堆叠 SoC 测试规划研究[J]. 电子测量与仪器学报，2016，30(1)：159－164.

[182] ZHU A J，XU C P，LI Z. Hybridizing grey wolf optimization with differential evolution for global optimization and test scheduling for 3D stacked SoC[J]. Journal of Systems Engineering and Electronics，2015，26 (2)：317－328.

[183] HU C，LI Z，ZHOU T. A Multi－Verse optimizer with levy flights for numerical optimization and its application in test scheduling for Network－on－Chip [J]. PloS one，2016，11(12)：1－22.

[184] 朱爱军，李智，朱望纯，等. 基于多目标差分进化的测试封装扫描设计[J]. 仪表技术与传感器，2014 (5)：73－75.

[185] 朱爱军，李智，许川佩. 三维 IP 核测试封装扫描链多目标优化设计[J]. 电子测量与仪器学报，2014，28(4)：373－380.

[186] HU C，LI Z，XU C P. Test scheduling with bandwidth division multiplexed for network－on－chip using refined quantum－inspired evolutionary algorithm[J]. Journal of Computational Methods in Sciences and Engineering，2016，16 (4)：927－941.